建筑起重机械安全检查图解系列手册

宁 波 市 住 房 和 城 乡 建 设 局
宁 波 市 建 筑 业 协 会 **组织编写**
中国人民财产保险股份有限公司宁波市分公司

塔式起重机安全检查图解手册

郑修军　主编

中国建筑工业出版社

图书在版编目（CIP）数据

塔式起重机安全检查图解手册／郑修军主编；宁波市住房和城乡建设局，宁波市建筑业协会，中国人民财产保险股份有限公司宁波市分公司组织编写. —北京：中国建筑工业出版社，2022.7
（建筑起重机械安全检查图解系列手册）
ISBN 978-7-112-27580-9

Ⅰ.①塔… Ⅱ.①郑…②宁…③宁…④中… Ⅲ.①塔式起重机–安全检查–图解 Ⅳ.①TH213.308-64

中国版本图书馆 CIP 数据核字（2022）第 117124 号

责任编辑：杨 允
责任校对：赵 菲

建筑起重机械安全检查图解系列手册
宁 波 市 住 房 和 城 乡 建 设 局
宁 波 市 建 筑 业 协 会 组织编写
中国人民财产保险股份有限公司宁波市分公司

塔式起重机安全检查图解手册

郑修军 主编

*

中国建筑工业出版社出版、发行（北京海淀三里河路 9 号）

各地新华书店、建筑书店经销

北京科地亚盟排版公司制版

天津图文方嘉印刷有限公司印刷

*

开本：787 毫米×1092 毫米 1/16 印张：9¾ 字数：242 千字
2022 年 7 月第一版 2022 年 7 月第一次印刷
定价：55.00 元
ISBN 978-7-112-27580-9
（39054）

编审委员会

主　任：沈　浩

副主任：徐　峰　蔡慧静　孙　列　钱宏春

主　编：郑修军

副主编：袁　斌　张楚铭　吕兆丰

参编人：（按姓氏笔画排序）

卫康华　王向权　王红武　王君国　方年斌　占雪飞

白雪松　祁文杰　李　玲　李恩德　李惠良　吴红军

沈涛涌　张方明　陈雪峰　陈琼辉　易　奕　易家兵

金祖斌　郑绍桦　俞时峰　夏小龙　曹国东　傅天翼

舒　峰

前　言

Preface

　　由于建筑施工领域内的建筑起重机械一直是个危险性较大的行业，每年发生的安全事故一直居高不下，为了有效减少建筑起重机械安全隐患，以"建筑起重机械安全检查图解系列手册"的形式，将宁波市建筑行业实施的建筑起重机械"保险+服务"的成果进行转化，用以指导从事建筑起重机械租赁、安拆、制造、检测、风险管理等企业的安全教育培训及生产作业，从而达到预防安全生产事故发生的目的。

　　本系列丛书从检查维保人员的检查视线、检查流程等角度出发，以起重机械各结构部件为主要项目，通过检查要点、常见问题、失效形式等文字描述，以检查图例、隐患图例等图片形式展现，具有案例丰富、针对性强、简单明了、通俗易懂的特点。

　　本书以塔式起重机每个主要结构部件为一单元，再将组成该结构件的各零部件作为检查子项，进行详细的图文说明，内容包括检查要求、常见问题、失效形式、检查方法、检查图例、隐患图例、预防措施等。

本书编委会

目　录

Contents

第**1**章

基　础

1.1　混凝土承台

项目	检查要点	常见问题	失效形式	检查方法
检查内容	1. 承台制作应与基础专项施工方案相符，采用桩基础的需核对基桩类型。 2. 复核承台外形尺寸，应与使用说明书相符。当承台尺寸小于原尺寸的 20% 时，应查阅基础专项施工方案，确认承台与桩应有锚固措施并禁用管桩。 3. 检查承台表面应无裂缝，预埋件应无松动。 4. 承台与地下室底板相连的，应经设计单位书面确认。未连接的基础承台尺寸及重量不应减小	承台尺寸严重偏小、无基桩或为管桩	塔机连同承台倾覆	检查位置：地面 检查方法：查阅资料、目测、卷尺测量
		承台尺寸明显偏小	塔机在非工作工况下稳定性不足	
		承台表面存在裂缝，预埋件松动	裂缝不断扩展造成承台解体	
		竖向钢筋未设置，桩与承台未可靠连接	承台开裂、承台与桩脱开	

检查图例		承台表面无裂缝，预埋件无松动
		承台外形尺寸应符合使用说明书或基础专项施工方案
		采用管桩，承台外形尺寸应符合使用说明书要求
		承台钢筋布置应符合使用说明书要求
		桩（格构柱）与承台连接应符合基础专项施工方案要求
隐患图例	 承台尺寸偏小，未与桩主筋可靠锚固，导致整机连同承台倾覆	 承台尺寸偏小，且下方为管桩，导致塔机与承台整体倾覆

隐患图例	 承台竖向钢筋设置不符合规定，混凝土未连续浇筑，塔机受冲击后承台分层脱开	 承台未按要求制作，使用后出现裂缝，预埋件出现松动
	 承台竖向钢筋未设置，管桩钢筋未与承台可靠连接	 地基承载力不足，未采用桩基础，塔机与承台整体倾覆
	 基础螺杆预埋位置、尺寸与塔机底架不匹配	 基础平整度不符合使用说明书要求
预防措施	1. 承台尺寸、配筋应符合使用说明书及基础专项施工方案的要求。 2. 因现场条件限制，承台尺寸无法满足使用说明书要求时，必须按承台实际尺寸对基桩的抗拔力进行计算，并明确锚固构造措施。 3. 当管桩作为塔机基础桩时，建议抗拔计算不考虑管桩抗拔承载力部分。 4. 承台混凝土浇筑前，应清除积水并连续浇筑。 5. 安装塔机时承台混凝土应达到设计强度的 80% 以上，塔机运行使用时承台混凝土应达到设计强度的 100%	

1.2 钢结构承台

项目	检查要点	常见问题	失效形式	检查方法
检查内容	1. 钢结构承台构造应与基础专项施工方案一致。 2. 钢结构承台与格构柱的连接焊缝布置应多数为水平或竖向焊缝，焊缝长度、高度符合方案要求。禁止全部采用仰焊缝连接。 3. 塔机标准节（或加强节）不应直接与钢结构承台相连，应采用支腿或类似过渡节结构，防止产生应力集中。 4. 钢结构承台与塔身连接孔应机制成孔，不得采用气割成孔	承台构造与基础专项施工方案不符	承台连接失效，基础倾覆	检查位置：地面 检查方法：查阅资料、目测、焊缝检验尺测量
		采用现场施焊的仰焊缝，焊接质量差	焊缝不能抵抗塔机倾覆力矩而开裂，基础倾覆	
		与承台连接构件未采用过渡节或支腿型结构	造成标准节疲劳断裂，整机倾覆	
		连接孔采用现场气割成孔	改变连接处受力状态，连接处易松动	
检查图例				

钢结构承台构造应与基础专项施工方案一致

塔身与承台之间应有过渡节结构

承台与格构柱连接焊缝布置应多数为水平或竖向焊缝

隐患图例		
	钢结构承台与格构柱全部采用仰焊缝，焊接质量差，承台使用中脱开	钢结构承台格构柱连接全部采用仰焊缝，焊缝存在缺陷，且未设加劲板，使用中脱开

	与钢结构承台连接采用自制过渡节代替专用过渡节，塔机使用中存在风险	基础支腿支座焊缝开裂

预防措施	1. 钢结构承台基础应编制专项施工方案，并经技术论证，严格实施。 2. 优化钢结构承台与格构柱的焊缝设计，现场施焊应尽量避免仰焊。 3. 钢结构承台应选派优秀焊工进行制作。 4. 钢结构承台与塔机基础节之间必须加设同规格过渡节，过渡节应由有资质单位进行制作。 5. 钢结构承台与塔身连接孔应钻孔成型，孔径不应过大。 6. 连接螺杆应采用双螺母防松，定期检查连接螺杆的预紧力矩

1.3 预埋螺杆

项目	检查要点	常见问题	失效形式	检查方法
检查内容	1. 产品合格证应齐全,螺杆螺母应配套使用。规格和材质应与塔机制造商提供的技术文件相符。 2. 平垫圈+双螺母拧紧,螺纹露出应不小于3倍螺距。 3. 外露螺杆应无被碰撞或强力弯压后的变形情况。 4. 从外观判定是否重复使用	规格小且材质不明,螺母配合松	承载力不足,螺纹滑牙,整机倾覆	检查位置:地面 检查方法:查阅资料、目测、试拧
		未拧紧、螺纹露出量不足	塔身过度晃动,其他构件失效,极端状态下螺母脱出	
		中碳钢螺杆与钢筋焊接固定,螺杆断裂	塔机承载力下降,严重时塔机倒塌	
检查图例	 螺杆规格和材质符合要求,螺杆外观完好,无变形等缺陷 双螺母配置,且无松动,螺纹露出量不小于3倍螺距			

隐患图例		
	螺母与螺杆螺距相同，但规格大一档，塔机安装后螺杆滑牙，整机倾覆	螺母与螺杆螺距相同，但规格大一档，塔机安装后螺杆滑牙，整机倾覆
	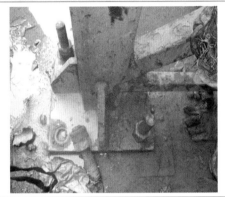	
	预埋螺杆材质、规格不符合要求，使用中断裂	预埋螺杆过短，螺纹未露出
预防措施	1. 预埋螺杆、螺母和平垫圈应按塔机制造商提供的技术文件要求选配使用。 2. 预埋螺杆、螺母应有产品合格证，并注明螺杆材质、规格、长度等参数。 3. 预埋螺杆、螺母和平垫圈应一次性使用，不得重复利用。 4. 经调质处理的中碳钢螺杆安装时，严禁与钢筋等其他结构焊接。 5. 埋设施工前，严格检查螺杆、螺母的表面质量，应清除表面杂物，确认螺杆和螺母的规格。试拧螺母，如明显配合较松的严禁使用。 6. 预埋螺杆的运输、安装应小心轻放，防止碰撞损伤。 7. 承台基础施工完成后，应保护好外露螺杆，防止被压受损，压弯后不得擅自矫直再次使用	

1.4　预　埋　节

项目	检查要点	常见问题	失效形式	检查方法
检查内容	1. 预埋节产品合格证应齐全，规格型号应与所装塔机相符。 2. 不得使用旧标准节作为预埋节，或重复使用预埋节。 3. 为调整垂直度加设的垫板不应存在过厚、松动或未垫实现象。 4. 采用过渡转换节的，应有合格证并在安装专项施工方案中进行说明。 5. 过渡转换节主弦杆性能指标应不低于塔机同部位主弦杆，外形尺寸不应下小上大	预埋节采用非标件或旧标准节	断裂引起整机倾覆	检查位置：地面 检查方法：查阅资料、目测
		垫设过厚、多层薄板叠加垫设、垫板尺寸偏小、螺杆长度不足、强制装入、定制加长螺杆无质量保证书	垫板处螺栓易松动，定制螺杆强度等级不足，可能会造成断裂	
		过渡转换节来源不明，截面下小上大	过渡节受力后失稳，整机倒塌	
检查图例				

预埋节编号应与产品合格证一致

螺栓应方便拧紧操作，不应埋入混凝土

纠偏用垫板应与预埋件可靠固定，且垫板不易过多、过厚

过渡转换节编号与产品合格证一致，且不应下小上大

隐患图例		
	老旧标准节作预埋节断裂	老旧标准节作预埋节断裂

	自制塔机底架，构造与焊接不符合要求，使用中支腿板拉裂失效，整机倾覆	用旧标准节代替预埋节，存在主弦杆折断风险

预防措施

1. 严禁使用旧标准节代替预埋节，预埋节不得重复使用。
2. 预埋节应由原厂或有相应资质单位制造，产品合格证应标明适用塔机型号。
3. 预埋节埋设固定时，应采用专用模具，安装面的水平度应不大于1/1000，单处垫设厚度不宜大于8mm。
4. 垫片形状应与标准节主弦杆截面一致，制孔穿入螺栓。螺杆应自然装入，不得强力装入，平垫圈、双螺母和外露丝扣数应符合要求。
5. 塔机使用时，应加大对垫板处螺栓预紧情况的检查，不得有长期松动现象。
6. 配用定制长螺杆时，不得改变原有螺杆的性能参数

1.5 格 构 柱

项目	检查要点	常见问题	失效形式	检查方法
检查内容	1. 格构柱外露部分垂直度应符合要求，如有明显倾斜的，应编制专项加固方案。 2. 围撑（外侧斜杆、水平杆）和水平剪刀撑应按挖土进度逐层及时设置，其规格应不小于格构柱主弦杆，各撑杆与格构柱连接可靠，格构柱有位置偏差时，撑杆应采用不小于缀板厚度的过渡板焊接连接，外侧支撑杆应基本交汇于一处。 3. 格构柱旁应均匀挖土，不宜有堆载、重型车辆行驶通道和其他基础施工作业。 4. 格构柱与基坑围护结构应保留相应安全距离	外露格构柱倾斜无加固方案	会引起格构柱整体变形、倾斜，严重时基础倾覆。围护结构拆除时，基坑局部变形挤压塔机格构柱，造成格构柱倾斜	检查位置：地面、基坑 检查方法：查阅资料、目测、卷尺及焊缝检验尺测量
		各支撑杆未及时设置		
		支撑连接处间隙偏大，采用螺纹钢代替过渡板，焊接质量差		
		不均匀挖土，基础旁堆载或桩机施工		
		格构柱与围护结构过近，存在安全隐患		

| 检查图例 | 格构柱外露部分垂直度符合要求

支撑设置符合专项施工方案要求

围护结构应与基础格构柱有一定安全距离

各撑杆与格构柱焊接可靠 |

隐患图例		
	未按要求逐层设置围撑及水平剪刀撑	土方开挖后，格构柱明显倾斜

	格构柱各连接撑杆未交汇于一处	土方开挖不均匀，格构柱受土体挤压偏移

隐患图例		
	格构柱插入、与桩筋焊接、混凝土浇筑等施工不符合要求	格构柱焊缝高度不足、焊缝不饱满
预防措施	1. 基础应合理布置，格构柱各构件规格、外形尺寸和焊接质量应符合专项施工方案及规范要求。 2. 围撑和水平剪刀撑应按挖土进度及时设置。围撑和水平剪刀撑的型号规格不应小于格构柱主弦杆。 3. 安装围撑前，应准确测量格构柱的已有变形和方向。利用塔机平衡重位置来对已倾斜的格构柱施加反向力矩，按矫正变形的斜杆受力方向先行焊接，各撑杆交汇一处，能有效地矫正格构柱已有倾斜量或防止倾斜量增大。 4. 逐层挖土过程中，应密切关注露出格构柱的超灌混凝土情况，发现异常应及时采取安全措施。 5. 格构柱应与灌注桩主筋牢固焊接，防止格构柱下放时，钢筋笼脱落	

1.6 排水和检查条件

项目	检查要点	常见问题	失效形式	检查方法
检查内容	1. 基础承台应有排水措施，不得有积水。 2. 检查人员应能方便到达基础承台位置，位于地下室的基础环境应有照明设施。 3. 基础承台安全防护设施设置应符合要求	无排水措施，基础积水	易引起基础部位构件锈蚀、螺栓松动	检查位置：塔机承台基础 检查方法：目测
		检查人员不方便到达基础承台位置	无法对易发生裂缝的底部标准节和连接情况进行检查，存在标准节结构断裂的风险	
检查图例				

方便检查基础承台

基础承台有防护设施

基础有排水措施，无积水

隐患图例		
	基础积水，预埋节严重锈蚀	基础严重积水

	基础封闭不利于承台和底架标准节的检查	基础封闭不利于承台和底架标准节的检查
预防措施	1. 基础标高设计时应优先考虑自然排水，避免频繁积水。 2. 标高较低的基础承台应设置排水措施，保持承台面干燥。 3. 及时清除基础部位垃圾杂物，方便检查底部标准节和螺栓拧紧情况。 4. 应提供检验检查专业人员到达塔身根部的条件（包括安全通道、检查空间和照明等）。 5. 地面标准节上穿洞口不建议采用封闭形式	

第2章
塔 身

2.1 整 体

项目	检查要点	常见问题	失效形式	检查方法
检查内容	1. 塔身（过渡节、加强节、标准节）配置及安装位置应与使用说明书相符。 2. 首个休息平台高度不超过12.5m，上部休息平台间隔不大于10m。 3. 塔机在空载、风速不大于3m/s状态下，独立式塔身（或附着式最高附着点以上塔身）垂直度允许偏差不大于4/1000，最高附着点以下塔身垂直度允许偏差不应大于2/1000。 4. 塔身独立式安装高度及附着式最高附着上方的悬臂高度均应符合使用说明书要求。 5. 固定在底架（或回转、司机室等结构件）上的整机产品铭牌中的信息应与实物相符，出厂编号清晰可辨	加强节安装不符合使用说明书要求（漏装、混装），螺栓松动	改变塔身整体结构受力，易造成结构件开裂	检查位置：地面、塔身 检查方法：查阅资料、目测、必要时用仪器（经纬仪、绝缘电阻仪等）测量
		休息平台设置过少	人员攀登过程无处休息，有高处坠落风险	
		垂直度偏差过大	对塔身整体结构受力带来影响，塔机存在倾覆风险	
		独立高度或悬臂高度不符合要求		
		铭牌缺失、信息辨识不清	塔机实物与铭牌信息不对应，存在套牌、以次充好可能	

| 检查内容 | 6. 塔身重复接地措施可靠有效。
7. 主电缆与塔身之间应有绝缘固定措施，并在底部设置专用配电箱 | 未做重复接地 | 遭受雷击时，可能导致作业人员受到伤害 | |
| | | 主电缆未绝缘固定、未设专用电箱 | 产生漏电、过载，使用过程突发断电等 | |

检查图例	 主电缆完好，与塔身用瓷瓶固定 产品铭牌固定可靠，信息清晰可辨 设置专用配电箱 有2处重复接地措施 独立或附着后悬臂高度符合使用说明书要求 两个方向的塔身垂直度应符合要求 休息平台间距不应大于10m 塔身组合符合说明书规定
隐患图例	
	底架布置与使用说明书不符	底架与加强节连接间隙过大，垫片过多

隐患图例			
	休息平台设置数量不足	附墙以上悬臂高度超高	主电缆破损且未与塔身绝缘固定
预防措施	1. 建议对标准节和加强节进行颜色区分，防止在安装过程中出现混装或漏装。 2. 塔身标准节等主要受力结构应设置清晰的唯一性标识牌，并与产品铭牌上信息相匹配，防止塔机安装错误。 3. 顶升作业或附着前应对塔身垂直度进行测量，如超过标准，应纠偏后方可进行后续作业。顶升或附着后应对塔身垂直度进行复测。 4. 日常作业时应做好塔机垂直度的测量工作，特别是地下室挖土及底板施工阶段，应每天观测，防止基础出现不均匀沉降或位移，导致垂直度超差。 5. 所有电气设备的金属外壳、金属线管、安全照明的变压器低压侧等均应可靠接地，接地电阻不应大于4Ω，重复接地电阻不应大于10Ω。 6. 日常应检查和拧紧塔身高强螺栓，螺栓组的螺杆、高强度平垫圈和双螺母应配置齐全		

2.2　标准节（加强节）

项目	检查要点	常见问题	失效形式	检查方法
检查内容	1. 主要结构件应无明显塑性变形、裂纹、严重锈蚀和可见焊接缺陷。特别是采用连接套形式的标准节，应重点检查塔身根部、附着处标准节上部连接套应无可视裂纹或疑似裂纹。 2. 标准节内的斜梯、直立梯、护圈和各平台位置应正确，安装齐全完整，固定牢固，无明显弯曲变形等可见缺陷。 3. 标准节上的唯一性标识牌清晰可见，且固定可靠。 4. 顶升踏步形式一致，无变形、开裂。 5. 穿楼板处，标准节主弦杆不应紧靠结构大规格主筋	结构变形、开裂、局部锈蚀严重、脱焊	塔机使用过程中标准节失稳、主弦杆断裂，造成塔机倒塌	检查位置：塔身 检查方法：目测（边爬塔边检查，且在具备安全措施下身体外探，检查螺栓连接套处外观），必要时用刮刀检查连接套处微小裂纹
		梯子（护圈）脱开、变形，梯子与标准节之间用铁丝固定	防护设施失效，作业人员攀登过程中易产生高处坠落	
		使用老旧标准节、擅自使用非原厂标准节	引起标准节混用，对塔身结构受力带来影响，容易在薄弱处提前开裂，使塔机倾覆	
		唯一性标识牌不清晰、缺失		
		踏步变形、焊缝开裂，或无防脱出销孔	在顶升过程中，会造成顶升横梁从踏步中脱出，引发墩塔事故	

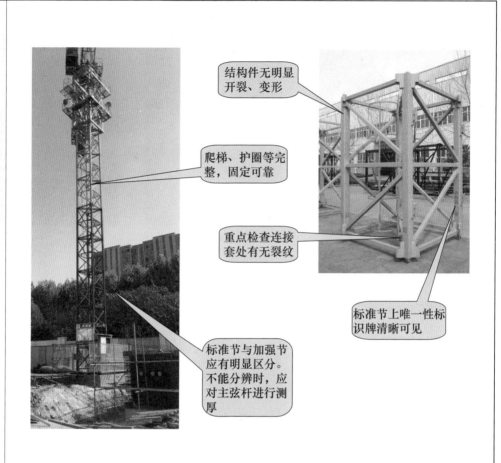

结构件无明显开裂、变形

爬梯、护圈等完整，固定可靠

重点检查连接套处有无裂纹

标准节上唯一性标识牌清晰可见

标准节与加强节应有明显区分。不能分辨时，应对主弦杆进行测厚

检
查
图
例

隐
患
图
例

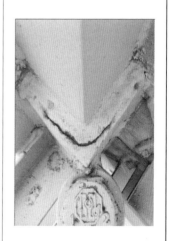

| 加强节连接套端面处主弦杆母材裂纹 | 加强节斜腹杆方管焊缝纵向开裂 | 加强节底座开裂 |

隐患图例			 锈蚀处近拍
	加强节连接套端 面处主弦杆开裂	加强节主弦杆明显起鼓	加强节斜腹杆连接 角钢焊缝锈蚀严重
			 部分爬梯锈穿
	加强节八字撑接头焊缝开裂	标准节锈蚀	标准节爬梯锈蚀穿孔
	片式标准节斜腹杆脱焊	标准节斜撑杆开裂	标准节单侧间隙过大

隐患图例			
	标准节连接套筒处主弦杆母材开裂	加强节安装顺序错误	标准节主弦杆方管开裂

	顶升踏步变形	标准节唯一性标识牌缺失	标准节鱼尾板塑性变形

	加强节螺栓套处主弦杆开裂	标准节连接套处主弦杆水平方向裂缝	标准节主弦杆断裂

预防措施	1. 应做好标准节的出场检查，发现塑性变形、焊缝开裂、严重锈蚀等可见缺陷时应采取处理措施，未经处理的标准节不得运往现场安装。重点检查连接套端面水平方向母材上外表面。 2. 当主要受力构件发生腐蚀，应进行检查和测量；当主要受力构件断面腐蚀达设计厚度的10%时，应报废处理。当不能分辨是否为加强节时应对主弦杆进行测厚确认。 3. 使用中发现主要受力构件产生裂纹时，应根据受力和裂纹情况采取止裂措施，并应按制造商提供的技术方案进行补强，不得擅自修补。 4. 塔机选型和布局应合理，防止频繁超载导致标准节疲劳破坏。 5. 做好标准节之间连接螺栓的紧固工作，防止因松紧不一，受力不均匀导致螺栓连接套出现开裂。 6. 标准节内爬梯应完整，与标准节宜采用焊接固定，建议采用斜爬梯结构。 7. 运输或者顶升规范作业，避免出现踏步、杆件变形，标准节无法使用的情况

2.3　螺　栓　连　接

项目	检查要点	常见问题	失效形式	检查方法
检查内容	1. 螺栓的规格、强度等级等应符合使用说明书要求。 2. 高强螺栓安装前，螺纹段应清理、除锈并润滑，安装后按预紧力矩拧紧无松动，应采用高强度平垫圈配双螺母防松措施，螺杆高出螺母顶平面3倍螺距。 3. 高强螺栓规格应一致，不使用代用品，粗、细牙不混用。 4. 检查螺栓组是否存在长期不拆卸保养情况	螺栓松动、断裂、锈蚀。每次拆卸塔机后，局部螺栓长期不拆卸保养	螺栓因承载力下降，在使用过程中断裂导致塔机倾覆	检查位置：地面、塔身 检查方法：目测（边爬塔边检查，对平衡重下方的主弦杆螺栓进行试拧）
		无高强度平垫圈，螺栓长度不够，未采用双螺母	无法及时发现螺栓出现松动现象	
		螺栓规格、强度等级不符合要求，采用代用品	使用不符合强度等级的螺栓，在使用过程中容易发生断裂	
检查图例	螺栓头端面有强度等级标志及批次钢印 全螺杆及螺纹段无锈蚀，润滑良好 主弦杆结合面紧密，无明显污水流出痕迹 双螺母、高强度平垫圈齐全，无松动 露出3倍以上螺距			

隐患图例

螺杆未高出螺母顶平面 3 倍螺距	螺杆未高出螺母顶平面 3 倍螺距

螺杆、螺母表面锈蚀严重	螺杆锈蚀麻点	螺纹端部锈蚀严重

螺栓断裂	螺栓断裂	平垫圈安装位置错误

隐患图例			
	螺栓松动	螺栓松动	螺栓严重锈蚀

	高强度螺母焊接	螺栓长久未拆装	螺栓断裂

预防措施	1. 更换的高强度螺栓副应符合 GB/T 3098.1 和 GB/T 3098.2 的规定,并应有性能等级符号标识及合格证书;不得使用强度等级标识不明的高强度螺栓。 2. 按高强平垫圈、双螺母配置要求做好螺栓安装和防松措施,保持塔身螺栓不松动。安装前,应对高强螺栓进行检查,对螺纹段应清理、涂刷润滑油,双螺母先后达到预紧力矩后,下螺母再反向相对上螺母拧紧,达到良好的防松效果。 3. 当采用双螺母防松措施两颗螺母厚度不一致时,较薄的螺母应靠近平垫片并先拧,较厚的螺母后拧。 4. 维保作业人员或塔机司机应做好对标准节连接螺栓的日常检查及紧固工作;塔机使用时有塔身异常晃动和声响情况时,应及时处置,不得继续使用。 5. 塔身底部主要受力的连接螺栓应每隔 2 年更换 1 次,防止发生疲劳断裂

2.4　销轴连接

项目	检查要点	常见问题	失效形式	检查方法
检查内容	1. 销轴安装应符合使用说明书的要求。 2. 销轴双向轴向定位应可靠，无滑移脱出的可能。 3. 配对轴孔与销轴无磨损及松动现象	轴向定位缺失，用铁丝、钢筋代替锁销 销轴、孔磨损	标准节连接销轴在使用中发生位移，加速标准节轴孔的磨损及脱落，导致标准节报废或者塔机因连接失效而倒塌	检查位置：塔身 检查方法：目测
检查图例	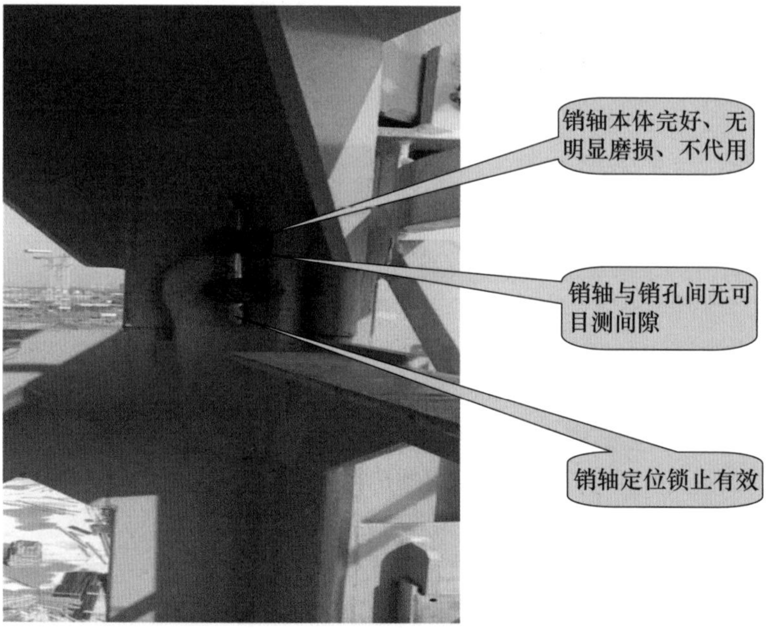			

销轴本体完好、无明显磨损、不代用

销轴与销孔间无可目测间隙

销轴定位锁止有效

销轴脱出	轴向锁销弯曲变形	

轴向锁销缺失	销轴表面防锈层脱落	锁销开口销未打开
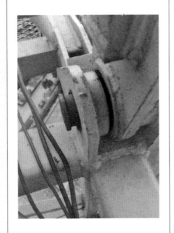		
销轴不匹配	销轴脱出	开口销缺失

隐患图例

预防措施	1. 维保作业人员或者塔机司机应做好对标准节连接销轴的日常检查工作，发现销轴移位或轴向防窜措施变形、缺失应及时处理。 2. 运输及拆卸过程中应加强对标准节连接鱼尾板的保护，防止变形。 3. 连接销轴安装时，如发现销轴安装过松，应查找原因，更换标准节或销轴，避免使用中因间隙过大而更换标准节。 4. 对轴孔配合公差大于 0.15mm 的销轴应做报废处理，以防止对标准节上销孔带来快速磨损

2.5　附 着 装 置

项目	检查要点	常见问题	失效形式	检查方法
检查内容	1. 塔身高度超过使用说明书规定的最大独立高度时，应设附着装置。 2. 多道附着时，附着间距及悬臂高度应符合使用说明书要求。 3. 附着装置的杆件与建筑物及塔身之间的连接，应采用铰接，不得焊接；附着杆应可调节杆长（短），并应有防松措施。 4. 当塔身与建筑物超过使用说明书规定的距离时，附着装置应进行专项设计和制作，并在专项方案中明确，有设计计算书。附着杆长细比不应超过120。 5. 附着装置无开裂及变形，附着连接螺栓应紧固并有防松措施。 6. 销轴与轴孔应配套无松动，轴向锁定安装到位，无代用品代替。 7. 附着框安装位置正确，与标准节贴合无间隙；内支撑装置安装符合要求。 8. 建筑物上附着点已采取加固措施，附着点处无裂纹	附着以上悬臂超高	使用中发生附着杆受压失稳、断裂，导致上部塔身受载后重心偏移，塔身结构无法承受上部结构偏移产生的弯矩，发生倒塌	检查位置：附着平台；建筑物附着点 检查方法：查阅资料、目测、试拧螺栓，必要时实际测量
		采用焊接固定、无调节丝杆、丝杆未锁紧		
		使用非标附着时，无专项设计方案、附着杆长细比过大		
		附着框焊缝不饱满、变形、螺栓无防松措施、未采用高强度螺栓	塔机在使用中发生附着框断裂、滑脱，从而导致上部结构使用时重心偏移，塔身结构无法承受上部结构偏移产生的弯矩，发生倒塌	
		轴、孔磨损后间隙过大，开口销用钢筋代替		
		附着框未紧贴标准节、内支撑未安装、附着框滑落		
		附着处建筑主体结构开裂、附着连接板松动	附着处连接松动，失效，导致附着杆脱落，塔机倒塌	

检查图例

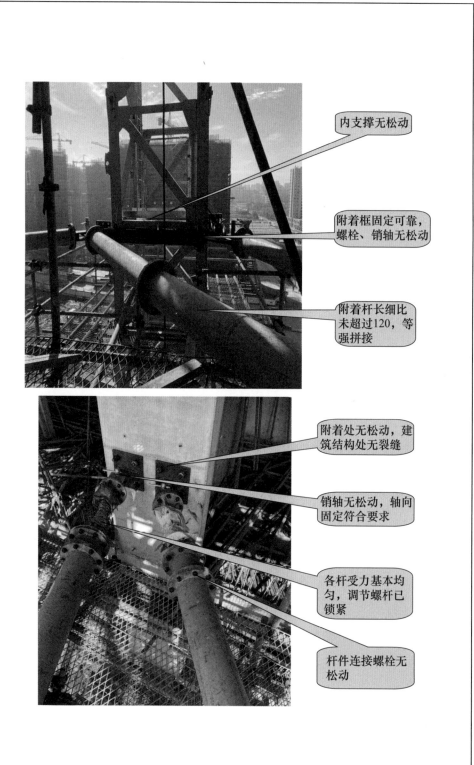

内支撑无松动

附着框固定可靠，螺栓、销轴无松动

附着杆长细比未超过120，等强拼接

附着处无松动，建筑结构处无裂缝

销轴无松动，轴向固定符合要求

各杆受力基本均匀，调节螺杆已锁紧

杆件连接螺栓无松动

隐患图例		
	附着杆未设置调节丝杆	附着框未按说明书规定设置内支撑

	附着装置规格不一致	附着点建筑主体结构开裂

预防措施

1. 使用单位应合理布局塔机位置，附着距离不宜过长。

2. 附着杆应由原制造商或有资质单位制作。

3. 附着设计计算应按照现行国家标准《塔式起重机设计规范》GB/T 13752 的非工作工况并结合当地实际风压情况，长细比应控制在 120 以内。

4. 对于变形损伤构件，不随意修复使用。

5. 附着装置设计时，应对附着支承处的建筑主体结构进行验算。爬架和塔机附着点尽量错开，如两者布置在一起，则合并考虑爬架与塔机附着点的结构承载能力。

6. 附着点处的混凝土强度达到要求后，方可安装塔机附着装置。

7. 对用于 PC 吊装的中大型塔机附着于小截面梁上时，建议附着处的混凝土强度提高一个等级，附着点支座背面加大承压面积（可采用槽钢），降低墙体开裂风险。

8. 附着装置各杆件受力应基本一致

2.6 通　　道

项目	检查要点	常见问题	失效形式	检查方法
检查内容	1. 塔身底部地面应设防护围栏。 2. 平台、走道、梯子、护栏的设置应符合规范要求，不得简易设置。 3. 附着处走道末端搭接钢管伸入塔身标准节长度至少500mm，且只能一端固定	采用简易装置设置走道、围栏或者未设置	塔机运行时，塔身有较大晃动，临边防护措施缺陷，或走道底部钢管伸入塔身长度不足而滑出，人员通过平台通道时，易发生高处坠落事故	检查位置：地面、走道处 检查方法：目测、手推拉确定固定牢固性
		走道末端搭接长度不足、搭设用的钢管未有效固定		
检查图例	设有围栏，防止非作业人员进入			

检查图例	 平台、走道、栏杆搭设规范 走道末端搭设钢管进入平台长度应大于500mm		
隐患图例			
	走道搭设过于简单，未铺设脚手板	用2根钢管随意设置代替走道	用竹梯代替走道

预防措施

1. 在建筑物高度超过30m时，应及时设置走道，防止司机为省力，自行搭设简易走道。

2. 走道、平台搭设应由专业架子工搭设，避免不符合要求的防护设施带来高处坠落的风险。

3. 走道、平台搭设好后，应进行验收，并纳入施工现场安全检查范围内。

4. 塔身底部围栏应在塔机安装好后就进行设置，除防止他人进入外，还可以防止运输车辆对塔身的误碰撞

第 **3** 章

爬升套架

3.1 架　　体

项目	检查要点	常见问题	失效形式	检查方法
检查内容	1. 架体构件无明显变形、裂纹、严重锈蚀；主要结构件（主弦杆、斜腹杆、油缸支撑横梁）表面无明显凹凸，截面腐蚀深度不应超过 10%。 2. 套架顶部与回转（或转换节）下支座连接处的销轴与轴孔（或法兰盘）应无异常。 3. 各操作平台承重固定撑杆及连接销轴完好可靠。护栏之间有可靠连接，护栏高度不低于 1100mm，护栏局部无严重变形及脱焊；竖杆底部固定可靠，钢网片点焊牢固无脱焊；踢脚板完好，高度不低于 100mm。 4. 引进架（引进梁）整体无变形，连接销轴固定可靠，花篮螺栓无滑丝、严重锈蚀，两侧拉杆基本均匀受力	结构件整体或局部塑性变形、开裂	结构件局部失稳后，引发塔机顶升倾覆事故	检查位置：爬升套架平台 检查方法：目测、试拧、卷尺测量
		销轴、轴孔磨损（或螺栓松动、锈蚀），以及销轴（或螺栓）漏装、随意代用	塔机顶升过程中，造成塔机上部结构倾覆	
		护栏底脚锈蚀穿孔、开口销缺失，护栏变形、脱焊，护栏连接件缺失，与架体固定不可靠	护栏断裂或操作平台脱落，易引发高处坠落事故	
		连接拉杆脱落，受力不匀；花篮螺栓断裂	引进架脱落，易造成高处坠落事故	

检查图例	 连接处销轴（螺栓）固定符合要求，轴孔无变形 结构件无变形、开裂、腐蚀 引进架整体无变形，固定可靠，连接件无损坏 操作平台固定可靠，无变形、开裂、锈蚀
隐患图例	  引进架平台拉杆断裂，导致引进架坠落 / 套架顶部法兰连接螺栓漏装，导致上部结构倾覆    套架顶部连接销轴漏装，导致上部结构倾覆 / 套架斜腹杆变形 / 操作平台护栏局部缺失

隐患图例			
	操作平台护栏底脚锈蚀严重	引进架连接销轴锁板失效,销轴脱出	引进架花篮螺栓端部开裂
预防措施	1. 塔机退场维保期间应做好套架各结构件的检查,更换已塑性变形或腐蚀的结构件及损坏的零部件。 2. 塔机装拆、运输过程中应做好防护工作,避免结构件出现非正常损坏。 3. 及时做好操作平台等部件表面除锈和油漆,防止因油漆老化、脱落,造成局部腐蚀氧化,从而出现表面锈蚀现象。 4. 顶升作业前,应对套架各结构件进行检查,发现有任何异常,如疑似裂纹和可视变形,不明原因的起拱和错位时,不得进行顶升作业		

3.2 导 向 轮

项目	检查要点	常见问题	失效形式	检查方法
检查内容	1. 导向轮无缺失，导向轮与标准节之间间隙应为2~3mm。 2. 对于可调整间隙的导向轮，调节螺杆应无变形，螺纹完好。 3. 导向轮表面完整、无破损；转动灵活、无卡滞；轮轴固定可靠有效。 4. 导向轮支座与套架连接可靠，螺栓无松动，焊接无裂纹、脱焊	轮轴固定失效导致导向轮缺失或失效	顶升时，因失去导向轮约束，爬升套架脱出，严重时塔机上部结构倾覆	检查位置：爬升套架平台或同高度标准节 检查方法：目测，手试导轮转动情况，卡尺测量
		导向轮与标准节之间间隙过大		
		导向轮表面磨损、轮轴变形，内部衬套破碎等造成导向轮转动卡滞	导向轮与标准节产生严重摩擦，严重时造成导向轮失效	
		调节螺杆锈蚀、螺纹损坏等造成导向轮间隙无法调整	导向轮间隙无法调整，因间隙过大，容易造成爬升套架脱出	
检查图例				

导向轮支座应与套架连接可靠，无裂纹

导向轮与标准节之间间隙应为2~3mm

导向轮表面完整，转动灵活、无卡滞

轮轴固定可靠有效

轮轴固定失效，导向轮倾斜	轮轴定位卡簧缺失

导向轮轮面挤压受损	轴套破碎，导向轮无法转动

导向轮间隙过大，爬升套架脱出倾斜	导向轮间隙过大

隐患图例

预防措施	1. 塔机退场维保期间应做好导向轮部位的检查，应无松动、偏斜，并加油润滑，确保导向轮转动灵活；导向轮支座固定可靠，无裂纹（或螺栓松动）。 2. 对于可调节间隙的导向轮，检查调节螺杆，并试拧及润滑，确保调节螺杆无锈蚀及损坏。 3. 塔机回转机构安装完毕后，平衡臂安装前，应对导向轮与标准节之间的间隙进行检查，如间隙超过说明书规定，必须采取措施进行调整，在未调整完之前，不得进行顶升作业。 4. 塔机顶升作业前，做好导向轮连接部位的检查，导向轮支座固定可靠，导向轮无松动、缺失。 5. 顶升作业过程中，必须按说明书要求进行配平，并观察爬升架各处导轮与塔身标准节主弦杆的间隙，当四周间隙基本均匀，即为最佳配平位置

3.3 爬爪及防脱装置

项目	检查要点	常见问题	失效形式	检查方法
检查内容	1. 爬爪（又称换步支撑）应转动灵活，无卡阻；固定支座无裂纹。 2. 爬爪销轴及端部固定应可靠。 3. 顶升横梁防脱装置无缺失，并能防止顶升横梁从标准节支承踏步中自行脱出。 4. 不得自行代用、改制	爬爪固定支座开裂	顶升时，支座断裂，导致塔机上部结构失去支撑而倾覆	检查位置：爬升套架平台或同高度标准节 检查方法：目测
		销轴端部开口销或锁板螺栓缺失	销轴脱出，导致爬爪失去支撑作用	
		防脱装置缺失	易导致顶升横梁从塔身支承中脱出，而发生墩塔事故	
检查图例	爬爪应转动灵活，无卡阻 固定支座无裂纹 顶升横梁防脱装置无缺失			

隐患图例		
	爬爪固定销轴端部未锁定	爬爪固定支座开裂

隐患图例	爬爪固定支座设计强度不够，发生扭曲变形	爬爪固定支座断裂	顶升横梁防脱插销缺失

预防措施	1. 塔机退场保养及顶升前必须对爬爪固定支座等承力结构进行检查，确保无可视或疑似开裂、变形。 2. 应确保爬升转动灵活，使用时无卡阻，如不能正确搁置到标准节上的踏步时，必须查找原因，在未找到原因前，不得继续强行顶升作业。 3. 顶升过程中必须使用防脱装置，并确保顶升横梁、爬爪等搁挂到位

3.4 液压顶升系统

项目	检查要点	常见问题	失效形式	检查方法
检查内容	1. 平衡阀（或液压锁）座安装牢固，平衡阀（或液压锁）与液压缸之间应为刚性连接。表面无碰撞变形。 2. 泵站、阀锁、管路及其接头不得有明显渗漏油渍；高压连接管完好、无老化开裂。 3. 缸体活塞杆底部密封处无漏油痕迹，外露的杆身应光滑，无撞击麻点及镀层脱落。 4. 缸体连接销轴应转动灵活无卡阻，销轴端部固定应完好，销轴固定座焊缝饱满无开裂。 5. 泵站有防雨措施，观察孔中液压油清澈干净；压力表完好，数值清晰；电机启动开关分合动作有效、明确，提示文字清晰；手动换向阀完好，接头无漏油，动作顺畅	阀座脱焊；刚性连接件变形损坏	液压缸漏油，活塞杆无法自锁	检查位置：爬升套架平台 检查方法：目测、试拧
		油管老化开裂；接头损坏、密封圈损坏漏油	污染环境，顶升速度下降，严重时会造成顶升事故	
		密封圈失效，出现漏油迹象；活塞杆杆身镀层脱落，锈蚀	易造成液压油污染，直至顶升系统失效，影响正常顶升	
		缸体固定座焊缝开裂，销轴端部开口销或锁板螺栓缺失	支撑点失效，容易引发顶升安全事故	
		泵站进水；液压油变质；压力表损坏	因液压油变质或安全溢流阀压力过高，导致液压系统无法正常工作，容易引发顶升安全事故	

检查图例	 连接销轴转动灵活无卡阻，端部固定完好，固定座焊缝饱满无开裂 阀座安装牢固，平衡阀（或液压锁）与液压缸之间应为刚性连接 泵站、阀锁、管路及其接头无漏油；高压连接管无老化开裂 液压油清澈干净；压力表完好；启动开关分合动作有效、明确；手动换向阀完好，接头无漏油 活塞杆底部无漏油，外露的杆身光滑，无撞击麻点及镀层脱落
隐患图例	 顶升横梁销轴锁板螺栓失效　　　 顶升横梁销轴锁板缺失

隐患图例			
	高压连接管破损	液压缸底部密封圈破损	平衡阀刚性连接管局部变形

	液压缸支座焊缝不饱满，导致断裂	活塞杆外伸过长，容易生锈	

	液压缸销轴未安装到位	液压缸底部密封圈破损后漏油	

隐患图例	  
	平衡阀阀座脱焊 高压连接管老化开裂 活塞杆长期外露，锈蚀严重
预防措施	1. 塔机退场保养时，检查液压顶升系统，及时更换已出现渗漏及老化的液压元器件。 2. 塔机退场保养时，检查安全溢流阀工作压力，并将其调整至使用说明书规定数值，避免在顶升作业时因安全压力过高，引发顶升安全事故。 3. 顶升前，检查泵站液压油质量及是否进水，必要时可旋开底部螺栓进行放水处理，顶升完毕后，及时用防雨罩遮盖泵站。 4. 顶升作业前，应进行试顶（顶起 10~20mm，停机 5~10min），确保压力表的指针应稳定无摆动，活塞杆应能可靠锁住无回缩，无异常情况方可进行顶升作业。 5. 顶升作业时，应随时观察活塞杆伸出速度及压力表指针情况，如出现速度明显变缓或指针大幅摆动，应立即停止作业，在未查出故障前，不得继续顶升作业。 6. 顶升完毕后，应将顶升横梁搁置在标准节的踏步上，横梁处于不受力状态，外露的活塞杆应包住或加润滑油保护，防止锈蚀

第 **4** 章

回转机构

4.1　整体结构

项目	检查要点	常见问题	失效形式	检查方法
检查内容	1. 主要受力结构件截面锈蚀不应达到 10%；整体应无变形及焊缝开裂情况。 2. 维修平台钢板网不得有破损，底部固定撑杆及连接销轴完好有效；护栏无严重变形及脱焊，护栏之间有可靠连接。 3. 与起重臂、平衡臂、塔帽等结构件连接部位可靠无松动；配对轴孔与销轴磨损及变形相对值≤6%，或绝对值≤2.2mm。 4. 上、下支座与回转支承之间螺栓固定可靠、无松动，无严重锈蚀现象	结构件局部塑性变形、开裂；局部严重锈蚀，回转支承连接螺栓锈蚀、断裂	在设备使用过程中发生疲劳断裂或者瞬间断裂导致局部失稳后，引发塔机倾覆事故	检查位置：回转内、外侧靠近结构位置 检查方法：目测，卡尺、测厚仪测量
		钢板网局部破损，平台底部严重锈蚀，护栏脱焊、无连接	因防护设施缺陷，导致作业人员发生高处坠落	
		轴、孔磨损超标，端部固定失效	主要结构件承载力下降，严重时会因连接件失效引发塔机上部结构倾覆	

检查图例	 作业平台完整，无局部破损、锈蚀 与各结构件连接部位可靠、无松动，轴、孔磨损未超标 结构件无明显变形及焊缝开裂、锈蚀 上、下支座连接螺栓无松动、无严重锈蚀 加强板无开裂、锈蚀 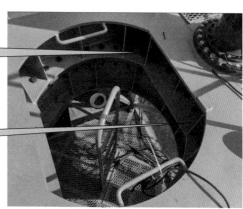	
隐患图例		
	与起重臂连接耳板孔径向间隙超标	与塔帽连接销轴孔径向间隙超标

隐患图例

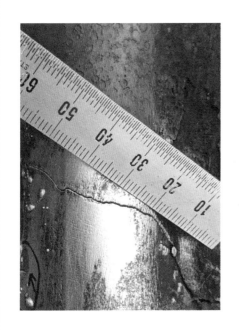

回转上支座连接套筒处主弦杆开裂

与平衡臂连接耳板处焊缝开裂

回转下支座焊缝开裂

维修平台支承梁严重锈蚀

隐患图例	 回转支承内侧加强板焊缝开裂 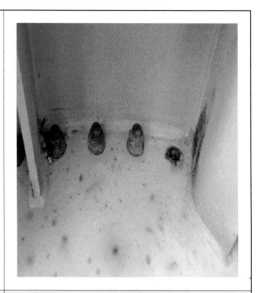 连接螺栓断裂  回转支承连接螺栓断裂及锈蚀  回转支承连接螺栓缺少防松螺帽
预防措施	1. 塔机退场维保期间应做好回转整体结构的检查，应注意漆面开裂、脱落后出现的表面锈蚀及开裂现象，必要时应进行无损检测，及时更换已塑性变形或腐蚀的结构件及损坏的零部件。 2. 与其他结构件连接的主要受力部位还需用仪器进行测量，一旦超出标准值，应及时采取扩孔或更换销轴等措施进行处理。 3. 检查维修平台的完好性，加强司机的职业文明教育，防止回转内部结构及维修平台出现严重腐蚀。 4. 对于回转支承上、下支座的连接螺栓应定期保养，按规定力矩做好紧固工作，条件允许的情况下可以画骑马线作记号，并做好防止锈蚀的措施

4.2 传动系统

项目	检查要点	常见问题	失效形式	检查方法
检查内容	1. 回转电机及行星齿轮减速器外壳应无开裂现象；表面无漏油痕迹；运行时，法兰盘固定处无松动，无异常抖动及异响。 2. 回转齿轮与大齿圈啮合应均匀平衡，且无断齿、啃齿现象；整体润滑良好；起重臂旋转时无异常响声。 3. 在非工作状态下，起重臂架应能自由旋转；如采用常闭制动的，风标应能正常工作，并确保臂架在风标打开后自由旋转。 4. 回转制动器间隙均匀，无开裂及锈蚀；制动时，动作灵敏。 5. 回转机构防护罩应完整，无破损	减速器外壳有漏油痕迹，外壳开裂及固定螺栓松动	传动受限，起重臂不能正常工作	检查位置：回转内、外侧靠近结构位置 检查方法：目测、试拧
		齿轮锈蚀、断齿、裂纹、变形、磨损，大齿圈内滚道磨损	齿轮损坏，无法正常回转，大齿圈受损后，需要拆塔更换	
		风标失效	起重臂架不能自由旋转，在极端天气情况下会导致塔机倾覆	
		摩擦片磨损过度、制动线圈烧毁	回转制动失灵，易引发物体打击事故	
		防护罩缺失	旋转部件可能会对司机或维修人员带来伤害	

51

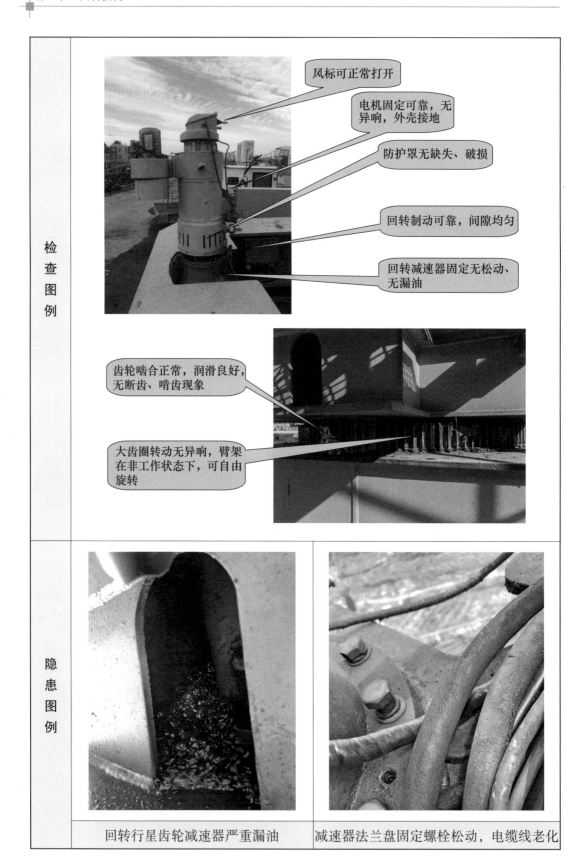

| 检查图例 | 风标可正常打开
电机固定可靠，无异响，外壳接地
防护罩无缺失、破损
回转制动可靠，间隙均匀
回转减速器固定无松动、无漏油
齿轮啮合正常，润滑良好，无断齿、啃齿现象
大齿圈转动无异响，臂架在非工作状态下，可自由旋转 |
| 隐患图例 | 回转行星齿轮减速器严重漏油   减速器法兰盘固定螺栓松动，电缆线老化 |

隐患图例	 回转机构液力耦合器漏油到制动器上	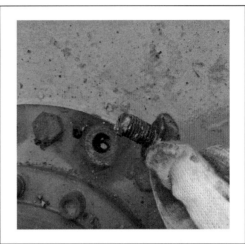 减速器法兰盘固定螺栓断裂
	 回转液力耦合器漏油	 回转制动器制动间隙左右不均匀
	 回转电机电缆线老化开裂	 风标手柄缺失

<table>
<tr><td rowspan="6">隐患图例</td><td></td><td></td></tr>
<tr><td>回转减速器传动轴齿磨损严重</td><td>回转减速器外壳碎裂</td></tr>
<tr><td></td><td></td></tr>
<tr><td>回转减速器传动轴齿及大齿圈啮合齿断裂</td><td>大齿圈异物轧入</td></tr>
<tr><td></td><td></td></tr>
<tr><td>回转制动线圈控制线断裂</td><td>回转制动线圈控制线断裂</td></tr>
</table>

预防措施	1. 退场维保期间应做好回转减速器的检查，必要时拆开检查，更换已损坏的零部件，并更换润滑油。 2. 使用过程中，应定期对减速器和齿轮、回转齿圈进行润滑保养。 3. 操作过程中，转向、换档时应平缓，不应产生猛烈冲击，禁止频繁正反转，导致行星齿轮折断。 4. 操作过程中，应轻提、慢放，避免抽拉、快速上下等而造成塔身大幅摆动，导致齿圈内滚珠受损，造成回转支承报废。 5. 塔机顶升作业过程中，为防止侧向风力较大时吹动起重臂，应采用木楔卡住齿轮，禁止用螺栓等硬物去卡住齿轮

4.3 回转限制器

项目	检查要点	常见问题	失效形式	检查方法
检查内容	1. 回转机构不设中央集电环的塔式起重机应安装回转限制器。 2. 部件完整，接线正常。回转限制器开关动作时，臂架旋转角度应不超出±540°。 3. 主电缆连接正常，无过分缠绕	传动齿轮脱落、限制角度过大或过小 主电缆过分缠绕	主电缆断裂，塔机无法正常工作	检查位置：回转上支座处 检查方法：目测，旋转起重臂测试旋转角度大小
检查图例				

回转限制器完好，固定可靠

传动齿轮啮合可靠，无脱落

隐患图例		
	回转限制器外壳碎裂	传动小齿轮脱落

	传动齿轮未啮合	传动齿轮未啮合

隐患图例			
	主电缆因过分缠绕而断裂	主电缆过分缠绕	回转限制器控制线断裂
预防措施	1. 加强司机教育，禁止为操作方便而去短接控制线，导致限制器失效。 2. 当起重臂受风力影响，越过限制角度时，司机应反向转动起重臂回到限制角度内，避免单侧限制角度的失效，导致主电缆过分缠绕。 3. 正确调整限制器安装位置及小齿轮固定方式，有效避免小齿轮的脱落现象频繁发生		

第**5**章

塔　帽

5.1　结　构　件

项目	检查要点	常见问题	失效形式	检查方法
检查内容	1. 构件无明显的变形、裂纹、严重锈蚀；主要结构件（主弦杆、斜腹杆）断面锈蚀未达到母材的10%。 2. 护圈（护栏）安装齐全完整，无明显可见损坏。 3. 顶部滑轮转动无卡滞，润滑良好；外观完整，无可见裂纹和严重磨损；钢丝绳防脱装置齐全有效。 4. 起重臂根部铰点高度大于30m的塔帽顶部应安装障碍灯	结构件整体或局部塑性变形、开裂	结构件局部失稳后，导致塔帽变形	检查位置：塔帽爬梯上靠近结构 检查方法：目测，锤击确认，测厚仪、磁粉探伤仪检测
		主要结构件严重锈蚀	导致结构件断裂，塔帽因局部失稳而变形	
		防护圈、护栏变形、脱焊	作业空间受限，作业人员容易出现意外	
		滑轮轮缘磨损、变形，销轴锁板缺失、轴承损坏	导致钢丝绳出现不正常磨损或跳槽而报废	
		障碍灯未安装或损坏	无法高空预警	

检查图例	障碍灯完好 滑轮转动灵活，无破损，防脱装置齐全有效 护圈、护栏应齐全、完整 结构件无变形、开裂、锈蚀	
隐患图例	 结构件变形	 过渡节主弦杆开裂
	 防护圈脱焊	 滑轮轮缘破损

隐患图例	障碍灯缺失	爬梯严重变形
	爬梯防护圈缺失	爬梯严重变形

预防措施	1. 塔机退场维保期间应做好塔帽结构、连接销孔和滑轮防脱槽装置等检查，更换已塑性变形或锈蚀非主要受力结构件及损坏的零部件。 2. 塔机装拆、运输过程中应做好防护工作，避免结构件出现非正常损坏。 3. 及时做好结构件的油漆，防止油漆因老化、脱落，造成局部腐蚀氧化，从而出现表面锈蚀现象。 4. 司机应严格遵守安全操作规程，避免因频繁超载，导致钢结构产生屈服变形

5.2　连　接　销　轴

项目	检查要点	常见问题	失效形式	检查方法
检查内容	1. 起重臂、平衡臂（含拉杆）其根部与塔顶连接处，塔顶根部与回转支座连接处的销轴与轴孔应无异常，配对轴孔与销轴磨损及变形相对值≤6%，或绝对值≤2.2mm。 2. 连接销轴及轴端固定可靠，轴端固定应符合原设计要求。 3. 销轴无裂纹或弯曲变形，表面无锈蚀麻点	销轴、轴孔磨损	塔机上部结构晃动增大，承载力下降	检查位置：塔帽顶部作业平台、回转上支座 检查方法：目测，游标卡尺、量规测量
		轴端固定失效或采用替代品止挡	销轴轴向移动，严重时销轴脱落导致结构件坠落	
		销轴弯曲变形、锈蚀或采用替代品	连接处承载力下降，严重时销轴断裂	
检查图例	 各连接销轴固定符合要求，轴孔无变形 轴端固定符合要求，未采用替代品			

隐患图例	 销轴松动，轴孔磨损间隙增大	销轴孔磨损变形
	 开口销未安装	 销轴孔严重磨损变形

预防措施	1. 塔机退场维保期间应做好销轴及轴孔的检查，当相对磨损量大于3mm时，不得再次使用。 2. 安装前应将销轴、轴孔清洁干净，并润滑；建议设置防止销轴转动措施，避免使用过程中销轴转动导致轴、孔异常磨损。 3. 同一平面有多个销轴时，应严格按照使用说明书要求顺序安装。 4. 当销轴不易安装时，应查明原因，严禁用重锤直接敲打。 5. 采用符合规范的轴端固定装置，不得采用不符合要求的替代品

5.3 力矩限制器

项目	检查要点	常见问题	失效形式	检查方法
检查内容	1. 力矩限制器触杆与开关触点位置应对准，触杆锁定无松动，开关固定可靠，接线正常，弓形板无明显变形。 2. 当起重力矩大于相应幅度额定值并小于额定值110%时，应停止上升和向外变幅动作（必要时手动测试）。 3. 力矩限制器控制定码变幅的触点和控制定幅变码的触点应分别设置，且应能分别调整。 4. 当小车变幅的塔机最大变幅速度超过40m/min，在小车向外运行，且起重力矩达到额定值的80%时，变幅速度应自动转换为不大于40m/min（必要时手动测试）。 5. 对于拉力环形式的力矩限制器，拉杆固定完好，无松动（必要时开盖检查动作有效性或试吊确认）	初始安装、日常维保检查不到位，未能及时发现力矩限制器失效	塔机超载使用，造成结构件开裂，严重时塔机倾覆	检查位置：力矩限制器安装处 检查方法：目测，手动测试，载重试吊
		司机安全操作意识薄弱，使用中故意绑扎、短接使力矩限制器失效		
		防护罩缺失，由于长期风吹日晒，导致控制线破损；调节螺杆严重锈蚀无法调节	力矩限制器控制失效或起重力矩无法调节，造成塔机超载使用	
		控制定码变幅和定幅变码的触点未分别设置	触点失效，导致力矩限制失去保护作用	

检
查
图
例

外部封闭，防止电器元件锈蚀

弓形板无变形，无卡阻

调节螺杆固定可靠，与挡杆接触位置正确

定码变幅和定幅变码的触点分别设置

接线牢固可靠，无破损

隐
患
图
例

弓形板严重变形

弓形板用铁丝绑扎

隐患图例		
	触点弹簧锈蚀，无法恢复行程	触杆螺母未拧紧，且锈蚀严重

	弓形板内加塞木头，影响 弓形板形变，力矩限制器失效	无防雨措施，行程开关、触杆已锈蚀

隐患图例	 弓形板用铁丝绑扎	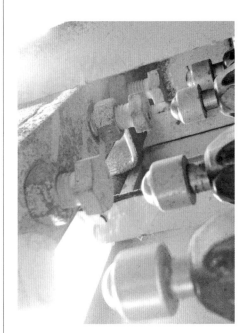 触杆未锁定，螺母松动
预防措施	1. 施工组织设计时应合理规划主要材料堆场位置（钢筋、装配式构件等），使其在塔机的允许起重范围内运行，避免因吊装半径过大导致超载。 2. 加强对司机的安全教育培训，告知其破坏特种设备安全装置是入刑行为，杜绝擅自调整破坏力矩限制器的现象。 3. 司机操作时应平稳，避免斜拉快吊等冲击荷载对行程开关等电器元件造成损伤。 4. 塔机安装后，应进行吊重调试，调试后，应在相关部位上做好记号，防止人为后期破坏。 5. 维保人员定期检查力矩限制器的完好性和灵敏性，相关记号是否被破坏，必要时进行吊重测试。 6. 安装防护罩，及时更换动作不灵活的行程开关和破损导线，对触杆进行润滑保养	

第6章

司 机 室

6.1　室 内 环 境

项目	检查要点	常见问题	失效形式	检查方法
检查内容	1. 应有绝缘地板和符合消防要求的灭火器。 2. 门窗应完好，无影响司机视线的遮挡物。 3. 起重特性曲线图（表）、安全操作规程标牌应固定可靠，清晰可见。 4. 照明灯具和风扇应有防护罩。 5. 室内环境干净，无大功率取暖设备。 6. 司机座椅稳固、无松动	绝缘地板破损、灭火器未设置或失效	电线破损后容易导致司机触电。 电线短路或过热引发火灾时，导致灭火不及时，火势蔓延	检查位置：司机室内 检查方法：目测
		窗户有遮挡物、有机玻璃老化后影响视线	司机视线受阻，无法观察起重臂运行区域情况，易引发起重伤害事故	
		灯具和风扇没有防护罩	室内空间较小，容易让司机发生意外事故	
		室内堆放大量杂物及易燃物、冬天采用取暖器	容易引发火灾	
		座椅底座、靠背松动	影响司机操作，易因操作不当引发伤害事故	

检查图例	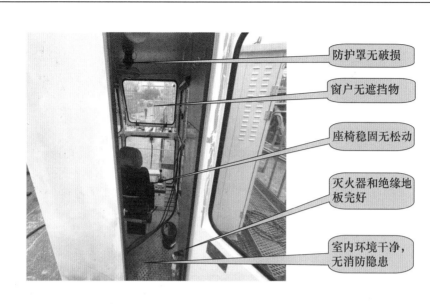 防护罩无破损 窗户无遮挡物 座椅稳固无松动 灭火器和绝缘地板完好 室内环境干净，无消防隐患

隐患图例		
	座椅底座断裂	风扇无防护罩

	前挡玻璃被遮挡	前挡玻璃被遮挡

隐患图例

底板锈蚀严重

底板锈蚀严重

底板锈蚀严重

未设置绝缘垫板

灭火器失效

司机室固定螺栓松动

隐患图例	 室内杂物大量堆放	 室内杂物大量堆放
	 使用大功率碘钨灯取暖	 室内杂物堆放且无灭火器
	 司机室起火	 私拉接线板

预防措施	1. 建议窗户上设置窗帘，防止司机因阳光直射而用粘贴物遮挡玻璃，影响操作视线，导致安全事故发生。 2. 司机室内应配备合格有效的干粉灭火器。 3. 塔机上严禁使用明火，司机须及时清理司机室内杂物。 4. 司机离开时应切断电源，防止引发火灾，夏冬两季建议采用空调设备，杜绝大功率取暖设备的使用，并做好室内清洁工作。 5. 对司机应加强教育，防止不正确的坐姿加快座椅的损坏。 6. 前挡玻璃应配备雨刷器，防止雨天影响司机操作视线

6.2　联动控制台

项目	检查要点	常见问题	失效形式	检查方法
检查内容	1. 手柄、按钮及踏板处，均应有表示用途和操作方向的标志，标志应牢固、可靠，字迹清晰、醒目。 2. 联动控制台应具有零位自锁和自动复位功能。 3. 对施工现场起警报作用的声响信号应清晰响亮。 4. 红色急停按钮为非自动复位式且完好有效	标志不清晰、脱落	司机容易误操作，引发事故	检查位置：司机室内 检查方法：目测、手动测试
		自锁功能失效、自动复位失效	司机不小心触动手柄后，因误操作导致出现意外事故	
		电笛失灵，声音低小	无法对作业工人起到报警作用	
		紧急停止按钮失效	无法在紧急状态下切断总电源	
检查图例	 零位锁定、自动复位功能完好　　红色急停按钮完好有效　　标志牢固，字迹清晰　　电笛声音清晰			

隐患图例		
	零位锁定失效（胶纸粘贴）	零位锁定失效（螺钉塞住）
	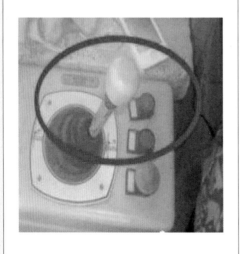	
	操作手柄无法自动复位	防尘罩损坏，零位锁定失效（拆除弹簧）

隐患图例		
	防尘罩损坏	无防尘罩

	无防尘罩、联动台侧板脱落	急停按钮缺失
预防措施	1. 加强塔机司机的安全教育，防止为操作方便而人为破坏零位锁定功能。 2. 定期检查操纵台，及时更换损坏的按钮、手柄、触点等电气元件	

6.3　电　控　箱

项目	检查要点	常见问题	失效形式	检查方法
检查内容	1. 有非自动复位的、能切断塔机总控制电源的紧急断电开关，该开关设在司机操作方便的地方。 2. 装有总电源开合状况的指示信号灯和电压表。 3. 各接线桩头固定可靠，无松动；接地线连接有效。 4. 无私自外接电线	人离开后未切断总电源	易发生火灾	检查位置：司机室内 检查方法：目测
		接线桩头松动		
		电线老化、乱接电线	容易发生触电事故	

紧急断电开关能正常工作

接线桩头无松动

无外接电线

检查图例

隐患图例

司机乱接电线

司机私自外接电线

隐患图例	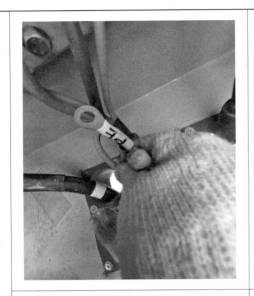PE 线未接	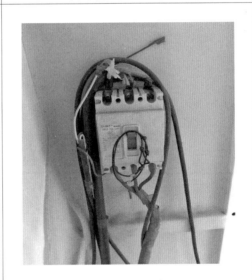配电箱门缺失且私接电线
	接线端子烧坏	电气开关外置
预防措施	1. 加强司机安全教育，不得私自外接电气线路；离开司机室时，必须切断总电源。 2. 禁止项目部将大灯等照明线路接在塔机专用线路上。 3. 定期维保时，应检查各接线桩头的固定情况，防止因桩头松动引起电线过热而发生火灾	

6.4　固定平台（含司机室结构）

项目	检查要点	常见问题	失效形式	检查方法
检查内容	1. 结构应牢固，与平台固定应符合使用说明书的要求。 2. 司机室整体完好，无严重锈蚀。 3. 司机室门、窗完好，可自由开启	连接耳板脱焊、连接销轴采用代用品	司机室固定不牢靠，有坠落风险	检查位置：平台上 检查方法：目测、手动测试
		司机室漏水、严重锈蚀		
		门无法锁住、脱落、玻璃缺失	作业空间恶劣	
检查图例	门、窗完整，无损坏 司机室结构无严重锈蚀 与平台之间连接可靠			
隐患图例				
	门锁脱落		平台严重锈蚀断裂	

隐患图例	 底部固定用铁丝代替销轴	 门脱落
	 结构锈蚀	 底部锈蚀

隐患图例		
	司机室底部无销轴固定	司机室底部无销轴固定
预防措施	1. 合理规范安装司机室，禁止用钢筋、螺栓等代替销轴。 2. 防止司机室漏水，避免司机室因锈蚀而提前报废。 3. 塔机退场后，应及时检查司机室，并做好油漆等防锈处理工作。 4. 门、窗等转动轴处应定期润滑，避免锈蚀后无法正常启闭，导致撕裂脱落	

第7章

平衡臂

7.1 结 构 件

项目	检查要点	常见问题	失效形式	检查方法
检查内容	1. 结构件无明显变形、开裂、严重锈蚀和可见的焊接缺陷。 2. 平衡臂安装配置应与起重臂配置及使用说明书相符。 3. 平衡臂节之间连接的螺栓、销轴紧固可靠，轴向固定符合要求。 4. 平衡臂拉杆连接符合使用说明书要求，拉杆无变形，拉杆接头板焊缝处无裂纹。 5. 护栏完整无缺口；护栏之间有夹板或螺栓固定。 6. 走道钢板网无破损，走道上无杂物堆放	结构件局部变形、开裂	平衡臂出现局部变形，需要修复才能正常使用	检查位置：平衡臂走道 检查方法：目测
		销轴轴向固定失效、螺栓松动		
		护栏缺失、变形、锈蚀，护栏之间缺少连接，钢板网破损	临边防护失效，作业人员容易发生高处坠落	
		大量杂物堆放且未固定	高处坠物易引发物体打击事故	

检查图例

障碍灯完好，无破损

护栏完整、无缺失，护栏之间可靠连接

拉杆无变形，连接销轴固定可靠

走道钢板网无破损

结构件无明显变形、开裂

隐患图例

平台上堆放大量杂物

整段护栏缺失

隐患图例		
	底部水平撑杆变形	护栏、平台被撞击变形

	护栏之间缺口较大	护栏之间用铁丝绑扎

	防护栏杆锈蚀缺损严重	防护栏杆锈蚀缺损严重

预防措施	1. 塔机装拆时，应做好场地平整清理工作；运输过程中，做好臂节的保护，防止杆件受外部原因出现变形。 2. 对设计可以变换平衡配置的塔机，安装时应符合实际工况和使用说明书要求。 3. 使用过程中，应做好多塔作业的防护措施，防止护栏、平台因碰撞而发生变形、断裂等情况。 4. 塔机退场保养时，应仔细检查各结构件及护栏、平台，及时更换已出现变形、磨损、锈蚀的部件。 5. 采用符合要求的轴向固定措施，禁止用钢筋、铁丝等代替开口销。 6. 司机需及时清理平衡臂平台上的杂物，无法带下塔机的，应就地固定，避免堆积过高或风力较大时被吹落，导致出现物体坠落打击事故

7.2 平 衡 重

项目	检查要点	常见问题	失效形式	检查方法
检查内容	1. 平衡重的安装数量、位置与臂节组合应符合起重臂长度及使用说明书的要求。 2. 平衡重上有重量标识。 3. 平衡重减少后出现的空档，应及时封闭。 4. 应有防止平衡重位移、相互碰撞的防护措施。 5. 平衡重吊点应完好，插销外露长度应大于平衡框内的空隙。 6. 平衡重表面应完好，混凝土表面不得有裂缝等缺陷	平衡重安装位置及数量、重量与起重臂长度不符	起重臂起重性能发生变化，可能会造成塔机结构受损甚至倒塌	检查位置：靠近平衡重 检查方法：目测，卷尺测量
		出现空档未封闭	作业人员有高空坠落的风险	
		平衡重位移，碰撞	相互碰撞会产生混凝土碎块掉落；位移会对平衡臂的结构带来损伤	
		吊点锈蚀、平衡框内间隙过大	平衡重有掉落的风险	
检查图例				

平衡重减少后，空档封闭

吊耳完好，无严重锈蚀

插销固定可靠，无位移风险

有重量标识

平衡重与框之间间隙小于插销外露长度

隐患图例		
	平衡重块未连接一起且出现移位，空档未封闭	平衡重连接螺栓脱落
		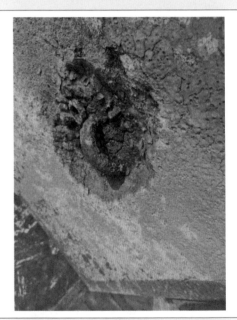
	空档未封闭	吊耳锈蚀
预防措施	1. 平衡重的重量标识应清晰、准确，防止出现安装错误。 2. 在司机室内放置不同起重臂长与平衡重的组合示意图，可及时发现安装错误。 3. 承重销轴等搁置应有足够的重叠量，防止侧移后销轴失去支承，导致平衡重高处坠落。不得采用不符使用说明书规定的平衡重及插销，避免平衡重掉落。 4. 平衡重减少后，应对空档处进行封闭或设置防护围栏，防止作业人员跌落。 5. 建议将平衡重安装好后进行整体连接，可避免互相碰撞及位移现象发生	

7.3 风挡设置（标语牌）

项目	检查要点	常见问题	失效形式	检查方法
检查内容	1. 风挡（标语牌）固定可靠。 2. 风挡应根据臂长设置，且符合使用说明书要求	固定不牢、铁丝固定	容易脱落造成物体打击事故	检查位置：平衡臂平台
		标语牌设置过多	增加塔机风载荷，在极端天气情况下容易导致倒塔	检查方法：目测
检查图例				

应用夹板或焊接进行固定

位置设置应符合使用说明书规定

隐患图例	标语牌用铁丝固定，用钢筋支撑已断裂护栏　　两侧标语牌用铁丝固定，且护栏已严重锈蚀标语牌设置过多，且用扎带固定　　标语牌未可靠固定
预防措施	1. 生产厂家应在使用说明书中明确风挡（标语牌）的设置要求。 2. 使用说明书中未明确的，应在非工作状态下，观察起重臂架是否能自由旋转，如受限，则需调整标语牌的设置。 3. 极端天气预警时，应及时检查标语牌的固定是否牢固。 4. 禁止在塔身上设置标语牌

7.4 电 控 箱

项目	检查要点	常见问题	失效形式	检查方法
检查内容	1. 设有短路、过流、欠压、过压及失压保护、零位保护、电源错相及断相保护装置，并应齐全有效。 2. 线路清晰，无过热、老化痕迹；各安全限制器无短接情况。 3. 各电器元件接线端子固定可靠，无松动；金属外壳、金属线管等均应可靠接地。 4. 电控箱内应有原理图或布线图、操作指示等，门外应有警示标志。 5. 电控箱设有门锁，电控箱底部固定可靠，无锈蚀、漏水现象。 6. 箱内清洁、无其他无关物品	电器元件线路短接	电气保护失效，轻则电机烧毁，重则塔机结构件受损	检查位置：电控箱前 检查方法：目测，断电手动测试
		安全限制器控制线路短接		
		电线老化、电线接头松动、接地线未接	容易产生漏电及过热引发火灾	
		电控箱门关闭不严、脱落	电控箱进水出现漏电	
		电控箱晃动大、倾倒		
检查图例				

各电器元件无短接现象

接线端子无松动，电线无老化

电控箱接地线完好

电控箱固定可靠，无锈蚀

门可自由开启并能锁定

隐患图例		

底部锈蚀严重		力矩限制器控制线短接
		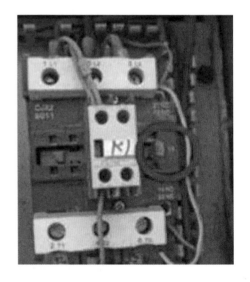
电器元件有烧蚀痕迹		接触器短接（异物塞住）

<table>
<tr>
<td rowspan="4">隐
患
图
例</td>
<td></td>
<td>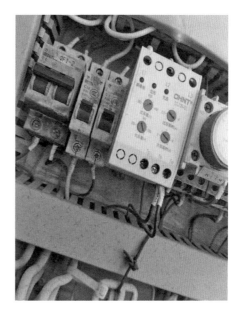</td>
</tr>
<tr>
<td>电器元件脱落</td>
<td>相序保护失效</td>
</tr>
<tr>
<td></td>
<td></td>
</tr>
<tr>
<td>相序保护器损坏（线路短接）</td>
<td>PE 线未接</td>
</tr>
</table>

隐患图例	 电气控制柜内电气元件损坏、烧蚀	 接线端子损坏、接线杂乱
预防措施	1. 工地供电电压应保持稳定，供电电缆应大于塔机主电缆的规格，避免因电压不稳，导致相关电器元件短接；必要时可加装稳压器。 2. 定期维保时，应检查各接线端子的固定情况，如接触器工作时有异响，应尽快更换。 3. 电控箱、开关箱的金属箱体、金属电器安装板以及电器不带电的金属底座、外壳等必须通过 PE 线端子板与 PE 线做电气连接，金属箱门与金属箱体宜采用编织软铜线做电气连接。 4. 建议采用不锈钢材质的电控箱壳体，可有效避免电控箱的锈蚀现象		

第8章

起升机构

8.1 高度限制器

项目	检查要点	常见问题	失效形式	检查方法
检查内容	1. 吊钩上升时,吊钩装置顶部距小车架下端至少 800mm 处,能自动停止起升动作,但可以下降。 2. 当起升钢丝绳松弛可能造成卷筒乱绳或反卷时应设置下限位,在吊钩不能再下降或卷筒上钢丝绳只剩 3 圈时应能立即停止下降运动。 3. 高度限制器支座应安装牢固,输出轴与起升机构连接可靠。 4. 配电箱内高速限制器控制线接线规范,无短接	最小安全距离不足	在起升机构高速运行时,容易导致吊钩冲顶事故	检查位置:回转平台和起升机构前 检查方法:目测,试运行确认最小安全距离
		下限位位置设置不准确或未设置	钢丝绳乱绳或者钢丝绳反卷,易导致钢丝绳出现挤压而断裂	
		安装底座松动或输出轴连接销断裂	高度限制器失效,容易导致吊钩冲顶事故	
		控制线短接或未接入		

检查图例	 支座应安装牢固，输出轴与起升机构连接可靠 控制线接线规范，配电箱内无短接现象 对没有变幅重物平移功能的动臂变幅的塔式起重机，还应同时切断向外变幅控制回路电源，但应有下降和向内变幅运动 吊钩装置顶部至小车架下端的最小距离为800mm时，起升停止动作
隐患图例	 吊钩安全距离过小 　　  高度限制器固定失效、脱落

隐患图例

高度限制器输出轴连接失效

控制线短接

高度限制器未固定

高度限制器失效

预防措施	1. 按照规范要求进行安装，调整好吊钩上止点的安全距离，经试运行确认无误再投入使用。 2. 每次塔机升节、降节或者更换起升钢丝绳后，均需对高度限制器重新进行调试。 3. 塔机司机每天均需对高度限制器进行检查，确认完好、有效。 4. 对于最大起升速度大于 100m/min 的，应调整最小安全距离大于 1000mm，防止速度过快而发生冲顶事故。 5. 设置旁路开关，避免因顶升作业等原因而通过短接控制线路而使高度限制器失效

8.2 钢 丝 绳

项目	检查要点	常见问题	失效形式	检查方法
检查内容	1. 钢丝绳的规格、型号应符合使用说明书的要求，并应正确穿绕。 2. 钢丝绳润滑应良好，与金属结构无摩擦。 3. 钢丝绳应符合现行国家标准的要求，无断丝、断股、散股、变形等情况。 4. 卷筒上的钢丝绳排列应整齐有序，无挤压现象	钢丝绳直径小于说明书要求	钢丝绳承重能力下降，容易发生断裂	检查位置：起升机构处，站于小车维修挂篮
		钢丝绳缺油、锈蚀	加速钢丝绳损伤，提前报废，严重时钢丝绳直接断裂，发生物体打击事故	检查方法：收放钢丝绳、小车运行检查，目测，卡尺测量
		钢丝绳与结构件摩擦		
		断丝、断股、变形等缺陷		
检查图例	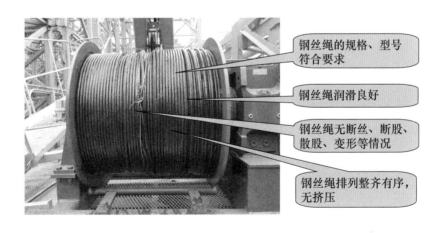 钢丝绳的规格、型号符合要求　钢丝绳润滑良好　钢丝绳无断丝、断股、散股、变形等情况　钢丝绳排列整齐有序，无挤压			

隐患图例		
	钢丝绳断丝	钢丝绳扭曲变形

	钢丝绳挤压变形	钢丝绳干涩摩擦

隐患图例		

	钢丝绳跳槽与结构件摩擦后断裂	吊钩到地面后，安全圈数不足 3 圈

	钢丝绳散股	钢丝绳散股

隐患图例		
	钢丝绳断丝严重	钢丝绳断丝严重

	钢丝绳排列不整齐	钢丝绳交叉排列
预防措施	1. 定期进行钢丝绳的检查，消除任何可能造成钢丝绳损伤的不利因素，及时更换达到报废标准的钢丝绳。检查范围尽量涉及运动段。当发生过脱绳、卡绳故障后，应全范围检查。 2. 安装钢丝绳时应采用合理的松卷方式，防止钢丝绳的内应力造成钢丝绳发生扭曲变形或碰伤钢丝绳，对于多层阻旋钢丝绳应给予更多关注。 3. 吊装作业时应规范操作，应避免吊钩落地，严禁在钢丝绳打转的情况下强行起吊重物。 4. 加强对塔式起重机各档滑轮的检查，滑轮一旦出现破损或卡滞现象时，应立即进行维修处理，建议采用尼龙滑轮，减少钢丝绳的磨损。 5. 不超载使用，不在冲击荷载下工作，工作时速度平稳，避免快起快落现象。 6. 塔式起重机司机应随时检查卷筒上的钢丝绳排列整齐，不得混乱。 7. 日常应勤涂油，保持钢丝绳表面清洁和良好的润滑状态		

8.3 传 动 系 统

项目	检查要点	常见问题	失效形式	检查方法
检查内容	1. 减速器应无渗漏, 润滑良好, 各连接紧固件应完整、齐全。 2. 当载重运行时, 应运行平稳、无异常声响。 3. 卷筒两侧边缘超过最外层钢丝绳的高度不应小于钢丝绳直径的 2 倍。 4. 卷筒上钢丝绳绳端固结应符合使用说明书的要求。 5. 当吊钩位于最低位置时, 卷筒上钢丝绳应至少保留 3 圈。 6. 卷筒与排绳滑轮无裂纹及轮缘破损, 壁厚磨损小于原厚度的 10%。 7. 排绳滑轮润滑充分, 转动灵活, 左右移动时无卡滞。 8. 卷筒设有防脱装置, 该装置与卷筒轮缘的间距不得大于钢丝绳直径的 20%	漏油或油品乳化	加速减速器内零部件磨损	检查位置: 靠近起升机构减速器 检查方法: 目测, 试运行辨听, 卡尺测量
		轴承损坏, 齿轮损伤, 出现异响	出现打齿, 直接导致减速器失效, 严重时吊钩下坠, 出现物体打击事故	
		钢丝绳过多, 卷筒边缘高度小于 2 倍钢丝绳直径	钢丝绳跳出卷筒, 直接导致钢丝绳报废	
		防脱装置松动、与轮缘的间距过大	端部固定处松脱, 钢丝绳脱落后发生物体打击事故	
		安全圈少于 3 圈		
		排绳滑轮破损、缺少润滑	钢丝绳排列不整齐, 容易出现损伤, 导致提前报废	

检查图例	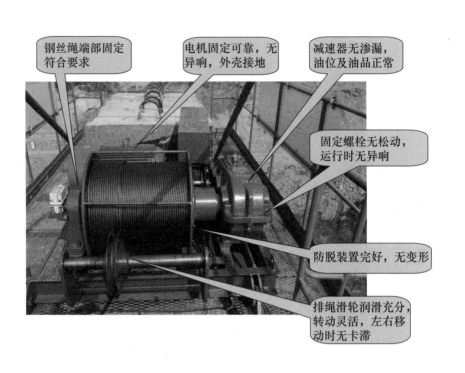 钢丝绳端部固定符合要求　电机固定可靠，无异响，外壳接地　减速器无渗漏，油位及油品正常　固定螺栓无松动，运行时无异响　防脱装置完好，无变形　排绳滑轮润滑充分，转动灵活，左右移动时无卡滞	
隐患图例	 减速器透气孔漏油	 卷筒防脱装置缺失

隐患图例	 排绳装置缺失	 钢丝绳未通过排绳滑轮
	 滑轮轴缺少润滑	 排绳轮磨损严重

预防措施	1. 塔机退场保养时，打开减速器检查盖，探查减速器的齿轮及轴承的磨损情况，并在规定的使用时间内更换轴承。
	2. 定期换油。换油时需检查油质，对任何细小颗粒物，需做分析；确认油质正常后，严格按塔机的使用说明书规定加注润滑油，不得采用代用品。
	3. 加强减速器使用过程中的检查，通过采用制动时检查卷筒转动自由度来分辨减速器内齿轮是否存在异常磨损情况；注意减速器运行时的声音，是否有异响、噪声突然增大以及抖动现象。
	4. 塔机顶升作业后，需检查卷筒内剩余钢丝绳量，不得少于最小安全圈数，并检查端部固定是否可靠。
	5. 定期做好钢丝绳及滑轮的润滑保养，减少非正常磨损。
	6. 建议采用短卷筒的起升机构，排绳角度小于1.5°，保证排绳系统的正常工作

8.4 制 动 装 置

项目	检查要点	常见问题	失效形式	检查方法
检查内容	1. 制动轮表面磨损量未超过 1.5~2mm，无可见裂纹。 2. 制动块摩擦衬垫磨损量未达到原厚度的50%。 3. 制动器制动可靠，动作平稳；在重物（额定起重量）吊载过程中，重物无下滑情况。 4. 制动装置各连接件固定可靠，无松动，无漏油、制动弹簧无塑性变形。 5. 防护罩完好、稳固	制动块摩擦衬垫磨损	使用过程中出现溜钩现象，如应急处理不当，极易造成重物伤人事故	检查位置：靠近起升机构制动器 检查方法：停止和试运行时目测，卡尺测量
		制动力矩不足，重物下滑		
		制动轮有裂纹，表面凹凸不平	制动摩擦力不足，重物下坠	
		防护罩缺失	雨天容易导致制动力矩不足	
检查图例	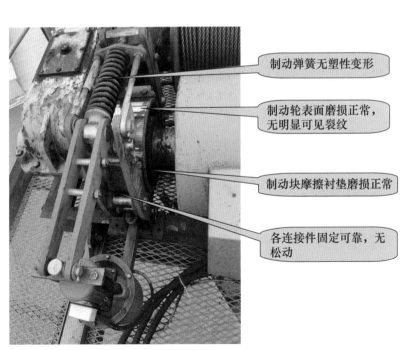			

制动弹簧无塑性变形

制动轮表面磨损正常，无明显可见裂纹

制动块摩擦衬垫磨损正常

各连接件固定可靠，无松动

隐患图例		
	制动器摩擦衬垫磨损	制动器间隙调整螺栓缺失

	制动轮表面开裂	减速器缓冲块损坏
预防措施	1. 塔机退场保养时，做好制动装置的解体检查维护，更换已磨损的零部件。 2. 塔机安装好后，应按额定起重量调试制动力矩。 3. 塔机使用过程中必须定期检查、紧固制动器各连接件，及时更换达到报废标准的制动块摩擦衬垫。 4. 对塔机司机进行安全操作培训，做好突发情况下的应急操作处理	

第9章

起重臂

9.1 重量限制器

项目	检查要点	常见问题	失效形式	检查方法
检查内容	1. 当起重量大于最大额定起重量并小于110%最大额定起重量时,应能停止上升方向动作,但应有下降方向动作。 2. 具有多档变速的起升机构,重量限制器应对各起升档位具有防止超载的作用。 3. 重量限制器控制线正常,配电箱内无短接现象。 4. 滑轮转动灵活,无破损;防跳槽装置齐全有效。 5. 传感器销轴上下摆动灵活,轴端固定可靠	各档位的起重量调试不准	重量限位器失效,电机因超负荷烧毁;严重时会造成塔机整体结构受损,甚至倒塌	检查位置:重量限制器旁 检查方法:目测,必要时吊重测试
		电缆破损、老化、电线短接		
		挡杆用铁丝绑扎		
		滑轮破损、轴承损坏、挡杆缺失	加速起升钢丝绳磨损断裂,引发起重伤害事故	
		轴端固定缺失、不规范	销轴滑移,导致重量限制不准确	

检查图例	 防跳槽装置完好，挡杆未用铁丝绑扎 接线正确，电缆无老化、破损 滑轮无磨损、变形，转动灵活 传感器销轴轴端固定规范 重量限制器盖板无松动，密封圈完好	
隐患图例	 轴承损坏	 重量限制器失效（控制线未接）
	 重量限制器盖板脱落，内部微动开关缺失	 重量限制器控制线断裂

预防措施	1. 塔机安装后，应按照使用说明书要求对各起升档位的起重量限制正确调试。 2. 使用期间做好定期检查及润滑，确保滑轮转动灵活，轮缘无变形及缺损。 3. 定期检查防跳槽装置完好，挡杆与挡板无严重磨损，轴向固定有效。 4. 塔机退场保养时，应认真检查重量限制器，及时更换老化、破损的电缆线；检查内部测力环无变形、脱焊，外部固定可靠、防水密封有效

9.2　臂　架

项目	检查要点	常见问题	失效形式	检查方法
检查内容	1. 臂架上的主弦杆、斜撑杆、水平杆等结构件无明显的变形、裂纹、严重锈蚀，踏面无严重磨损。 2. 臂架安装顺序和长度符合使用说明书要求。 3. 拉杆连接符合使用说明书要求，无明显松弛，非标准起重臂配置拉杆应原厂制作，拉杆无变形，拉杆接头板焊缝无裂纹。 4. 起重臂上小车变幅过道滑轮完好，转动灵活，防跳槽装置齐全有效	各结构件局部塑性变形、开裂、锈蚀	起重臂承载力下降，在突发状态下（如瞬间卸载）会导致起重臂折断	检查位置：地面、站于小车维修挂篮中运行检查 检查方法：目测、锤击确认，卷尺、测厚仪测量
		臂架安装组合错误		
		拉杆组合错误	起重臂整体呈波浪形，整体承载力下降	
		滑轮损坏、轴向固定失效、轮轴磨损	加速变幅钢丝绳磨损断裂，引发起重伤害事故	
检查图例	拉杆连接组合符合要求，无变形　起重臂组合符合要求 过道滑轮完好，防脱装置有效　臂架各杆件无变形、断裂、脱焊　障碍灯完好，无破损			

隐患图例		
	防护栏杆变形	滑轮固定板变形

	起重臂撞击后斜腹杆变形	斜撑杆断裂

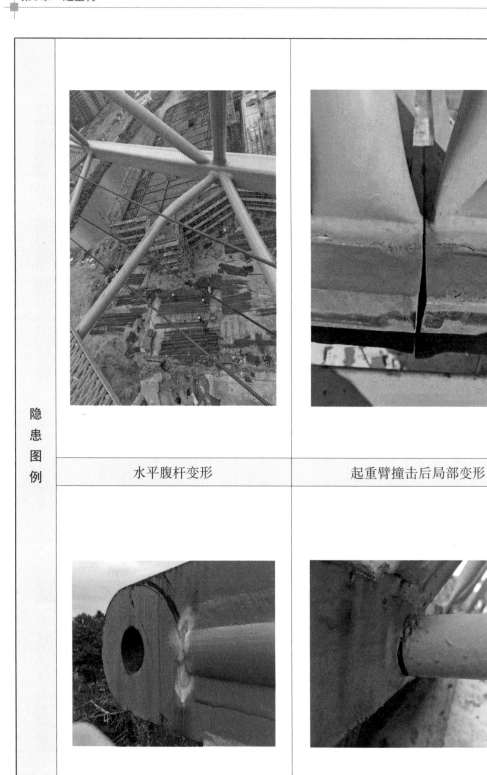

水平腹杆变形	起重臂撞击后局部变形
臂节连接耳板局部开裂	水平腹杆焊缝开裂

隐患图例

隐患图例		
	起重臂撞击后斜撑杆变形	起重臂撞击后斜撑杆变形

	斜撑杆焊缝开裂	起重臂撞击后局部变形

预防措施	1. 安装过程中，臂架和拉杆应按使用说明书要求正确安装；拉杆安装后不易检查，应在安装前确认拉杆长度和配置是否正确，仔细排查拉杆接头板处的外观是否存在裂纹等缺陷。 2. 要求厂家对臂架上的构件编码做到清晰明显，日常维护做好编码的保护，防止因锈蚀等原因导致编码不清、臂节拼装错误。 3. 使用过程中，做好多塔作业的防护措施，防止起重臂架因碰撞而发生杆件变形、断裂等情况。 4. 定期检查并收紧小车变幅钢丝绳，防止因小车防断绳保护装置撞击，导致水平杆变形。 5. 塔机装拆时，应做好场地平整清理工作；运输过程中，做好各臂节的保护，防止杆件受外部原因出现变形。 6. 塔机退场保养时，应合理堆放，并仔细检查，及时更换已出现变形、磨损、锈蚀的杆件。 7. 建议在起重臂上安装 LED 灯带，可有效避免夜间施工时，起重臂互相碰撞现象发生

9.3 连 接

项目	检查要点	常见问题	失效形式	检查方法
检查内容	1. 臂架、拉杆之间连接销轴安装符合使用说明书要求；轴向固定可靠，不得采用代用品代替。 2. 配对轴孔与销轴磨损及变形相对值≤6%，或绝对值≤2.2mm。 3. 起重臂下弦杆采用螺栓固定的，强度等级符合要求，固定可靠无松动。 4. 起重臂下弦杆采用焊接三角板作为销轴锁止装置的，三角板必须齐全、无变形、脱焊接等缺陷	销轴磨损，轴、孔间隙过大	起重臂承载力下降，回转过程中，起重臂会出现大幅摆动现象，易出现整体变形及折臂	检查位置：站于小车维修挂篮中运行检查 检查方法：目测，卡尺测量
		销轴滑移、轴向固定挡板失效、采用代用品	销轴脱落后，起重臂折断	
		用普通螺栓代替、螺栓松动	起重臂撞击后易折臂	
检查图例	销轴安装正确，轴端固定有效，未采用代用品 螺栓固定可靠，未采用代用品			

隐患图例

开口销未打开

开口销安装错误

开口销用铁丝代替

销轴滑移，与变幅小车靠轮
干涉，影响变幅小车运行

隐患图例	 拉杆销轴采用代用品	臂节销轴采用代用品
	 销轴端部挡板失效	 拉杆上焊接螺母

预防措施	1. 塔机退场维保期间做好销轴及轴孔的检查，对于磨损超标的轴、孔应采取相应措施进行处理。 2. 采用符合要求的轴向固定措施，禁止用钢筋、钢丝等代用品代替开口销。 3. 采用开口销作为轴向固定的，开口销与起重臂下弦杆距离不宜过大，防止销轴出现滑移。 4. 销轴安装时如发现销轴捶击过松，应尽快更换销轴，防止销轴出现窜动及转动，导致轴、孔加速磨损。 5. 对采用三角铁板作为轴向固定措施的，应加强三角铁板的焊缝检查，防止开裂后销轴脱落。 6. 采用螺栓固定的，应采用10.9级的高强度螺栓，并要有可靠的防松措施

9.4　端部固定及止挡

项目	检查要点	常见问题	失效形式	检查方法
检查内容	1. 臂端捋直器与起重臂固定可靠、转动灵活。 2. 起升钢丝绳端部固定符合使用说明书要求，当采用楔套固定时，应遵循直进斜出原则。 3. 末端止挡装置齐全有效，缓冲器完好	轴承损坏	捋直器不能释放旋转应力，导致钢丝绳打转无法使用	检查位置：站于小车维修挂篮至臂端、尾部
		绳夹间距过短、绳夹数量不够，固定方式错误	因端部固定失效，导致起升钢丝绳脱落	
		止挡装置变形、缓冲器损坏	在变幅限制器失效情况下，小车直接撞击，轻则变形，重则小车冲出起重臂端	检查方法：目测

检查图例	
	有防止小车冲出臂端的防护设施 止挡装置完好，无变形
	臂端捋直器转动灵活，轴承完好 钢丝绳端部固定符合要求，绳夹设置合理

隐患图例		
	臂端捋直器转动不灵活、开口销缺失、绳夹设置错误	未安装臂端捋直器，起升钢丝绳旋转应力无法释放

	固定销轴开口销未打开	缓冲橡胶损坏

隐患图例		
	止挡装置变形	绳夹间距过小
预防措施	1. 定期维保检查时，应对臂端捋直器（钢丝绳防扭装置）的平面轴承进行润滑保养，确保转动灵活。 2. 绳夹固定时，注意U形环固定在副绳一侧，使钢丝绳受力弯折变形对主绳不造成影响。 3. 固定钢丝绳端部建议采用绳夹+楔形接头的固定方式，通过防松+自紧的方式使固定方式安全可靠。 4. 加强行程（高度、变幅）限位装置的检查，按规范要求调节安全距离，防止距离过短或失效，导致运动部件碰撞止挡装置。 5. 加长或加盖止挡装置，防止行程限位失效时，小车冲出起重臂端部	

第**10**章
变幅机构

10.1　幅度限制器

项目	检查要点	常见问题	失效形式	检查方法
检查内容	1. 小车变幅的塔机应安装小车行程限位开关。 2. 在小车运行至幅度的极限位置时，限位开关应动作，限位开关动作后应保证小车停车后其端部距缓冲装置距离不小于200mm。 3. 幅度限制器支座应安装牢固，输出轴与变幅机构连接可靠	限制器失效或缓冲距离过小 支座脱落、与变幅机构连接失效	小车行驶到臂端时无法停止、冲撞止挡装置或冲出臂架	检查位置：地面或小车检修平台 检查方法：空载试运行，目测
检查图例	与变幅机构连接可靠 幅度限制器固定牢固			

隐患图例

与变幅机构连接的传动小齿轮脱落

端部缓冲距离过小

幅度限制器外壳脱落

与变幅机构连接的传动小齿轮脱落

传动小齿轮未啮合

幅度限制器失效,小车撞击缓冲装置

预防措施	1. 按照规范进行安装,调整好安全缓冲距离,经试运行确认无误再投入使用。 2. 每次塔机升节、降节或者更换变幅钢丝绳后,均需对幅度限制器进行重新调试。 3. 塔机司机每天均需要对幅度限制器进行检查,确认完好有效。 4. 当小车变幅的塔机最大变幅速度超过 40m/min 时,应加设高速限制挡,防止小车速度过快,冲击臂端止挡装置。 5. 设置旁路开关,避免司机为方便取物及作业人员顶升操作等原因而通过短接控制线路、造成幅度限制器失效

10.2 传 动 系 统

项目	检查要点	常见问题	失效形式	检查方法
检查内容	1. 减速器无渗漏,工作时运行平稳,无异响。 2. 各连接紧固件应完整、齐全,无松动。 3. 制动器制动可靠,动作平稳;防护罩完好、稳固。 4. 卷筒上钢丝绳绳端固结牢固可靠。 5. 钢丝绳的规格、型号符合使用说明书的要求。 6. 卷筒上钢丝绳排列整齐有序;钢丝绳润滑良好、无损坏,与金属结构无摩擦。 7. 卷筒无裂纹及轮缘破损,壁厚磨损小于原厚度的10%。 8. 卷筒设有防脱装置,该装置与卷筒轮缘的间距不得大于钢丝绳直径的20%。 9. 电机外壳有可靠接地	减速器漏油、有异响、抖动	变幅机构无法正常工作	检查位置:小车检修平台 检查方法:空载试运行,目测
		各部件连接螺栓松动		
		制动器失效,摩擦片磨损,防护罩断裂脱落	小车制动失效,会发生起重伤害事故	
		钢丝绳端部未固定		
		钢丝绳断丝、断股、缺油,排列不整齐	加速钢丝绳的损伤,甚至断裂,从而引发起重伤害事故	
		防脱装置间隙过大		
		电机外壳未接地	作业人员有触电的风险	

检查图例	 钢丝绳端部固定可靠 钢丝绳排列整齐，润滑良好，无损坏 减速器无渗漏，连接螺栓无松动 防脱装置间距符合要求 电机固定可靠，无异响，外壳接地 制动器运行平稳，小车可靠制停 防护罩稳固
隐患图例	 
	制动器防护罩缺失 制动手拉环缺失

隐患图例		
	制动器摩擦片磨损	防脱装置螺母松动
预防措施	1. 由于变幅机构的减速器有一部分位于卷筒内部,因此塔机退场保养时,要做好减速器的检查工作,如有异响、抖动等现象,需探查减速器的齿轮及轴承的磨损情况,并在规定的使用时间内更换轴承。 2. 定期换油。换油时需检查油质,对任何细小颗粒物,需做分析;确认油质正常后,严格按塔机的使用说明书规定加注润滑油,不得采用代用品。 3. 加强减速器使用过程中的检查,通过采用制动时检查卷筒转动自由度来分辨减速箱齿轮是否存在异常磨损情况;注意减速器运行时的声音,是否有异响、噪声突然增大以及抖动现象。 4. 小车前后两根钢丝绳之间应留有一个空槽,防止运行过程中相互摩擦而出现断丝、断股现象。 5. 维保人员定期检查变幅机构各连接件的紧固状况,避免松动后造成各机构损坏		

第11章

变幅小车

11.1　钢丝绳防脱装置

项目	检查要点	常见问题	失效形式	检查方法
检查内容	1. 滑轮应安装钢丝绳防脱装置并完整可靠,该装置与滑轮的间距不得大于钢丝绳直径的20%。 2. 钢丝绳前后走向应有防止钢丝绳与小车结构擦碰的托轮等装置。 3. 滑轮轴承应完好,转动灵活	防脱装置缺失、变形、磨损	钢丝绳容易出现跳槽现象,导致钢丝绳与钢结构(或钢丝绳)产生摩擦,会在短时间内使钢丝绳因磨损而报废,严重时直接断裂,引发物体打击事故	检查位置:靠近小车(或小车维修挂篮) 检查方法:目测
		挡杆与滑轮之间的间隙过大		
		轴承损坏后滑轮与防脱装置间隙变大,钢丝绳与结构频繁擦碰		

检查图例	挡杆强度满足要求，无变形 挡杆与滑轮外边缘间隙小于钢丝绳直径的20% 挡杆两端牢固可靠
隐患图例	 防脱装置间隙过大	 防脱装置缺失
	 挡板、挡杆严重磨损	防脱装置损坏

隐患图例		
	防脱装置损坏后,钢丝绳跳槽	防脱装置挡杆磨断

	防脱装置断裂变形	挡杆用钢丝固定

预防措施	1. 严禁塔机作业时斜拉斜吊,避免防脱装置受侧向力作用出现变形。 2. 每天作业后,司机负责检查变幅小车,便于及时发现钢丝绳跳槽现象。 3. 定期检查防脱装置,确保装置无变形、断裂、缺失等问题。 4. 防脱装置应做成可拆卸的,钢丝绳出现跳槽后容易修复。 5. 建议挡杆位置有固定措施,避免受钢丝绳作用后出现转动而导致磨损

11.2 小车断绳保护装置

项目	检查要点	常见问题	失效形式	检查方法
检查内容	1. 小车变幅的塔机应设小车断绳保护装置,且在向前及向后两个方向上均应有效。 2. 小车钢丝绳紧绳装置能有效收紧钢丝绳且操作方便	断绳保护装置变形、缺失、绑扎	无保护,小车断绳时变幅小车失控,发生碰撞事故	检查位置:靠近小车(或小车维修挂篮)
		紧绳装置未使用、失效	断绳保护装置与起重臂下弦杆发生碰撞后变形	检查方法:目测
检查图例	小车断绳保护装置应完好灵活,钢丝绳正常穿过断绳保护装置 紧绳装置能有效收紧钢丝绳且操作方便			

隐患图例	 断绳保护装置变形失效	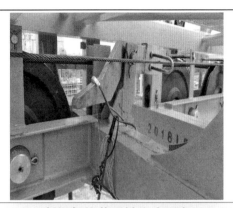 断绳保护装置被人为固定
	 断绳保护装置变形	 断绳保护装置损坏
	 断绳保护装置撞击后变形	 起重臂下弦杆受断绳保护装置撞击后变形

预防措施	1. 按照规范安装断绳保护装置,确保变幅钢丝绳正常通过断绳保护装置。 2. 定期检查断绳保护装置,确保无变形、损坏、失效等问题。 3. 定期收紧变幅小车钢丝绳,防止钢丝绳过松导致断绳保护装置误动作

11.3　小 车 架 体

项目	检查要点	常见问题	失效形式	检查方法
检查内容	1. 变幅小车结构应无明显变形，无被钢丝绳摩擦缺陷。 2. 小车维修挂篮应无明显变形，安装应符合使用说明书的要求。 3. 架体上的前后缓冲装置完好且固定可靠。 4. 小车变幅的塔机应设小车防坠落装置，且有效，可靠	架体局部变形	高度限制器失效后，吊钩撞击小车架体后产生局部变形	检查位置：靠近小车(或小车维修挂篮) 检查方法：目测
		小车维修挂篮固定不牢	固定失效，维修挂篮坠落	
		缓冲装置损坏、缺失	变幅限制器失效后，小车与止挡装置直接撞击后变形	
检查图例				

维修挂篮固定可靠、无变形

防坠落装置无变形

缓冲装置齐全有效

架体完整无变形

隐患图例		
	小车维修挂篮固定螺栓缺失	小车维修挂篮变形且高度不符合要求

	缓冲装置脱落	小车维修挂篮严重变形
预防措施	1. 定期检查高度限制器的完好性,防止失效后吊钩冲顶,使小车架体受到撞击后变形。 2. 定期检查确认小车行程限位开关的完好性,限位开关动作后应保证小车停车时其端部至缓冲装置最小距离为200mm,防止缓冲装置受到撞击后损坏。 3. 对于采用多级变速的小车机构,应通过行程限位限制,在小车接近挡板位置时应提前减速,避免速度过快导致碰撞。 4. 塔机拆装、运输过程中做好保护,防止维修挂篮受到撞击后变形;使用过程中应定期检查、紧固小车维修挂篮。 5. 定期检查小车防坠落装置是否变形、开裂、损坏	

11.4　车轮、靠轮

项目	检查要点	常见问题	失效形式	检查方法
检查内容	1. 靠轮与起重臂之间的间隙符合要求。 2. 车轮、靠轮无可见裂纹。 3. 车轮踏面厚度磨损量未达到原厚度的15%。 4. 车轮、靠轮完好,转动灵活。 5. 轮轴固定可靠,无松动。 6. 小车四个轮子均应与轨道面接触,车轮踏面与轨道面有足够且均匀的接触面积	靠轮与起重臂之间间隙过大	导致小车跑偏卡死,并造成起重臂斜腹杆磨损	检查位置:靠近小车(或小车维修挂篮) 检查方法:小车空载试运行,目测
		靠轮局部磨损、脱落、轴承损坏		
		车轮踏面磨损、轴承损坏	轮子开裂、脱落、卡死,小车无法行走	
		轮轴固定无防松措施、开口销未设置	车轮松动,与起重臂斜腹杆产生摩擦	
检查图例	 轮轴固定可靠、无松动 靠轮转动灵活,无磨损 车轮转动灵活,踏面无磨损 靠轮与起重臂间距正常			
隐患图例	 车轮局部磨损	 靠轮卡滞磨损、无防护罩		

隐患图例		
	靠轮轴承损坏	靠轮严重磨损后脱落

	轮轴固定螺母松动	轮轴固定螺母松动

隐患图例	 靠轮轴承损坏	 靠轮损坏
	 靠轮损坏	 车轮与起重臂接触面过小
预防措施	1. 定期对车轮、靠轮进行润滑保养,及时更换已损坏的零部件。 2. 塔机安装好后,应合理调整靠轮与起重臂的间隙,防止过大或过小,导致出现异常磨损。 3. 按照标准规范安装开口销、防松垫片,并定期检查开口销、防松垫片,确保可靠有效	

第12章

吊　钩

项目	检查要点	常见问题	失效形式	检查方法
检查内容	1. 芯轴固定应完整可靠;钩身转动灵活无卡滞;钩尾平面轴承无损坏。 2. 挂绳处截面磨损量未超过原高度的10%;芯轴磨损量未超过其直径的5%;开口度未超过原尺寸的15%;钩身的扭转角未超过10°;钩尾和螺纹部分等危险截面及钩筋无永久性变形。 3. 钩身表面无裂纹、补焊情况。 4. 吊钩防止吊索或吊具非人为脱出的装置应可靠有效;防脱钩装置开合灵活,弹簧性能完好。 5. 滑轮设有钢丝绳防脱装置,该装置与滑轮最外缘的间隙不应超过钢丝绳直径的20%	轴承损坏	钩身转动卡滞,严重时导致芯轴固定失效,钩身脱落	检查位置:地面 检查方法:目测或手动测试,卡尺、量规测量
		钩身因磨损或表面缺陷达到报废标准	吊钩失去承载作用而断裂	
		吊钩防脱装置失效	吊索脱落,引发物体打击事故	
		钢丝绳防脱装置失效	钢丝绳脱出后出现非正常损坏,严重时直接断裂	

检查图例	 滑轮设有钢丝绳防脱装置并齐全有效 芯轴固定可靠；钩身转动灵活无卡滞 吊钩防脱钩装置开合灵活，弹簧性能完好 钩身磨损及表面缺陷未达到报废标准

隐患图例		
	吊钩防脱装置失效	吊钩防脱钩装置失效

隐患图例	 滑轮钢丝绳防脱装置变形	 吊钩销轴磨损严重
	 滑轮钢丝绳防脱装置失效	 吊钩磨损严重

隐患图例	 吊钩防脱钩装置失效	吊钩防脱钩装置失效
	 吊钩防脱钩装置缺失	吊钩防脱钩装置绑扎失效
预防措施	1. 定期检查钩身,并定时对钩尾螺纹及轴承润滑保养。 2. 合理选用长度适中的吊索,避免大角度吊运物体,导致吊钩防脱装置失效。 3. 合理布置吊装区域及材料堆场,并加强地面指挥人员的安全教育,避免斜拉斜吊现象,导致滑轮处防跳槽装置变形及失效。 4. 不得采用一根吊索两点吊装,导致挂绳处产生非正常磨损	

第13章

作业环境

13.1 多 塔 作 业

项目	检查要点	常见问题	失效形式	检查方法
检查内容	1. 当多台塔机在同一施工现场交叉作业时,应编制专项方案,并应采取防碰撞的安全措施。 2. 任意两台塔机之间的最小架设距离应符合下列规定: (1) 低位塔机的起重臂端部与另一台塔式起重机的塔身之间的距离不得小于2m; (2) 高位塔机的最低位置的部件(或吊钩升至最高点或平衡重的最低部位)与低位塔机中处于最高位置部件之间的垂直距离不得小于2m。 3. 塔机运动部分与建筑物及建筑物外围施工设施之间的安全距离不应小于0.6m。 4. 塔机与汽车吊、混凝土泵车等高空作业设备不存在垂直交叉作业	多塔作业方案考虑不完善,未有效结合施工进度,造成群塔之间安全距离无法保障	塔机与塔机、塔机与高空作业设备之间发生碰撞,导致设备受损甚至倒塌	检查位置:地面 检查方法:查阅资料、目测,卷尺测量
		塔机升节时,相邻塔机起重臂进入顶升作业范围内		
		塔机与建筑物安全距离不足		
		司机注意力不集中,在相互覆盖区域,未做到有效避让		

检查图例	  低位塔机的起重臂端部与相邻塔机的塔身之间的距离不得小于2m 高位塔机的最低位置的部件（或吊钩升至最高点或平衡重的最低部位）与低位塔机中处于最高位置部件之间的垂直距离不得小于2m 塔机与汽车吊、混凝土泵车等高空作业设备不存在垂直交叉作业
隐患图例	  起重臂与相邻塔机配重块安全距离不足　起重臂与相邻塔机配重块安全距离不足   起重臂与相邻塔机起重臂安全距离不足　起重臂与相邻塔机配重块安全距离不足

隐患图例	 
	塔机空闲时,吊钩未升至最高点,极易导致碰撞事故发生 / 起重臂与相邻塔机起重臂高度未错开

	起重臂与相邻塔机起重臂高度未错开 / 起重臂与相邻塔机起重臂安全距离不足
预防措施	1. 塔机选型布局时,应充分考虑群塔之间的安全距离是否符合要求,如不能满足,则需要对相邻塔机进行截臂。 2. 多塔作业方案应结合施工进度安排,遵循中间高、四周低的原则。由于中心位置塔机受周围各塔机的影响和制约,因此居中塔机应尽可能保持在高位,并保证其技术性能最好。 3. 塔机在运行中,各条件同时存在时,必须严格按以下排序原则执行: 1)低塔让高塔,低塔在转臂前应先观察高塔运行情况再进行作业。 2)后塔让先塔,在两塔机塔臂作业交叉区域内运行时,后进入该区域的塔机要避让先进入该区域的塔机。 3)动塔让静塔,在两塔机塔臂交叉作业时,进行运转的塔机应避让处于静止状态下的塔吊。 4)轻车让重车,两塔机同时运作时,无载荷塔机应主动避让有载荷塔机。

预防措施	5）客塔让主塔,以各楼号实际工作区域划分塔机工作区域,若塔机塔臂进入非本楼号工作区域时,客区域的塔机避让主区域的塔机。 4. 顶升前,施工单位和安装单位应对顶升过程中与相邻塔机位置关系进行预判,确定顶升过程碰撞的风险,制定并落实安全措施,并向安装人员和相邻塔机司机做好安全交底,必要时暂停相邻塔机作业。 5. 不得为保证安全距离,而使塔机独立高度或自由端高度大于使用说明书的允许高度。 6. 塔机作业范围内有汽车吊、混凝土泵车作业时,应向塔机司机和指挥做好安全交底,必要时暂停该塔机作业。 7. 建议多塔作业安装有效的防碰撞监控系统

13.2 使 用 环 境

项目	检查要点	常见问题	失效形式	检查方法
检查内容	1. 有架空输电线的场合,塔机的任何部位与输电线的安全距离,应符合《施工现场临时用电安全技术规范》JGJ 46—2005 第4.1.4条的规定。 **电压(kV)** 安全距离(m): <1, 10, 35, 110, 220, 330, 500 沿垂直方向: 1.5, 3.0, 4.0, 5.0, 6.0, 7.0, 8.5 沿水平方向: 1.5, 2.0, 3.5, 4.0, 6.0, 7.0, 8.5 2. 因条件限制不能保证安全距离的,应采取有效的安全防护措施,防护措施应坚固、稳定,且对外电线路的隔离防护应达到IP30级;当不能确认有电或无电时按有电考虑;当不能确认高压或低压时,按高压考虑。 3. 塔机起重臂回转之内的通道和集中加工场地,其上部应设置安全棚。 4. 塔机在强磁场区域(如电视发射台、发射塔、雷达附近等)使用时,应有相关措施以防止塔机运行切割磁力线发电而对人员造成伤害,并应确认磁场不会对塔机控制系统(采用遥控操作时特别注意)造成影响	塔机与架空线路安全距离不足	架空输电线被塔机钩断;安全距离不足导致高压引弧,发生人员触电,塔机钢丝绳、电气元器件损坏	检查位置:地面; 检查方法:查阅资料、目测,卷尺测量
		防护设施搭设不符合要求、强度不够	钢丝绳出现损伤,提前报废,严重时钢丝绳直接断裂,发生物体打击事故	
		防护棚搭设不规范,不能承受坠物冲击;未按要求搭设防护棚	发生高空坠物时无保护,导致人员伤亡	
		接触吊钩有触电、发烫现象	对司索工等作业人员产生伤害	

检
查
图
例

塔机的任何部位与架空输电线之间的安全距离应符合要求

当安全距离不能满足要求时，应设置防护设施

起重机的起重臂回转之内的通道和集中加工场地应设置防护棚

隐
患
图
例

起重臂与架空输电线安全距离不够

塔机与高压线安全距离不够

塔机与施工升降机安全距离不足

塔机与山体安全距离不足

隐患图例	 塔机与建筑物安全距离不足	 塔机与建筑物安全距离不足
	 塔机起重臂下架空输电线未做防护	 塔机起重臂下架空输电线未做防护
预防措施	1. 塔机布置时应提前考虑周边架空输电线的影响,应严格遵守《施工现场临时用电安全技术规范》JGJ 46—2005 第4.1.4 条的规定,保持足够的安全距离。 2. 如果因场地限制,达不到安全距离要求时,应采取有效的安全防护措施,防护措施上方应有硬防护,防护措施上应悬挂标识牌、彩旗,夜间施工应有彩灯显示。 3. 做好现场作业人员的安全交底,塔机使用时,起重臂和吊物下方严禁有人员停留;不在起重臂覆盖范围内和有可能坠物的地方逗留、休息。 4. 做好塔机司机的安全交底,物件吊运时,严禁从人员上方通过。	

预防措施	5. 进入施工现场的人员必须正确佩戴安全帽并系好帽带,安全帽应符合现行国家标准《头部防护　安全帽》GB 2811 的规定。 6. 安全防护棚宜采用型钢和钢板搭设或者采用双层木制板搭设,并应能承受高空坠物的冲击。防护棚的覆盖范围应大于上方施工可能坠落物体的影响范围。 7. 塔机在强磁场区域使用时,应做好塔机的重复接地,零线和接地线必须分开,接地电阻不应大于 4Ω,重复接地电阻不应大于 10Ω;并采用尼龙滑轮、作业工人戴绝缘手套等措施,以减少切割磁力线所带来的伤害